INSTRVCTION NOVVELLE des poincts plus excellents & necessaires, touchant l'art de nauiguer.

Contenant plusieurs reigles, pratiques, enseignemens, & instrumens tresidoines à tous Pilotes, maistres de nauire, & autres qui iournellement hantent la mer. *Ensemble, Vn moyen facil, certain & tresseur pour nauiguer Est & Oëst, lequel iusques à present a esté incognu à tous Pilotes.*

Nouuellement practiqué & composé en langue Thioise, par MICHIEL COIGNET, natif d'Anuers.

Depuis reueu & augmenté par le mesme Autheur, en diuers endroicts.

A ANVERS,

Chez Henry Hendrix, à l'enseigne de la fleur de Lis.

Auec Priuilege Royal. 1581.

A treſhonorable & treſvertueux Seigneur, Monſeigneur GILLES HOOFTMAN, marchant en la treſrenommée ville d'Anuers. Michel Coignet S.

MOn treſhonoré Seigneur, voyant qu'on appreſtoit deſia ce noſtre traicté des inſtructions nouuelles touchant l'art de nauiguer, pour le faire prendre ſes erres en France, ie n'ay peu obmettre (apres l'auoir augmenté en plusieurs endroits) de prier que V.S. ne ſe deſdaignaſt de l'accepter autrefois ſoubs ſa protection, comme icelle en a faict de la premiere edition en baſ-allemand. Sachant Monſeigneur, que tout ainſi que la pierre precieuſe a meilleur luſtre, eſtant enchaßée en l'or qu'en autre metal, que ſemblablement ce noſtre petit labeur, ſera d'autãt plus agreable envers tous amateurs de la nauigatiõ, le trouuant orné du nom de celuy, qui par effect ſe mõſtre d'eſtre le vray fauteur de ces tant profitables & neceßaires inuentions. Leſquelles partant ie vous dedie autrefois d'außi bonne affection, que ie deſire demeurer voſtre perpetuel ſeruiteur: Priant le ſouuerain Seigneur de vouloir conſeruer V.S. enſemble tous les voſtres, en treſbonne ſanté & longue vie. d'Anuers ce 25. d'Octobre. 1580.

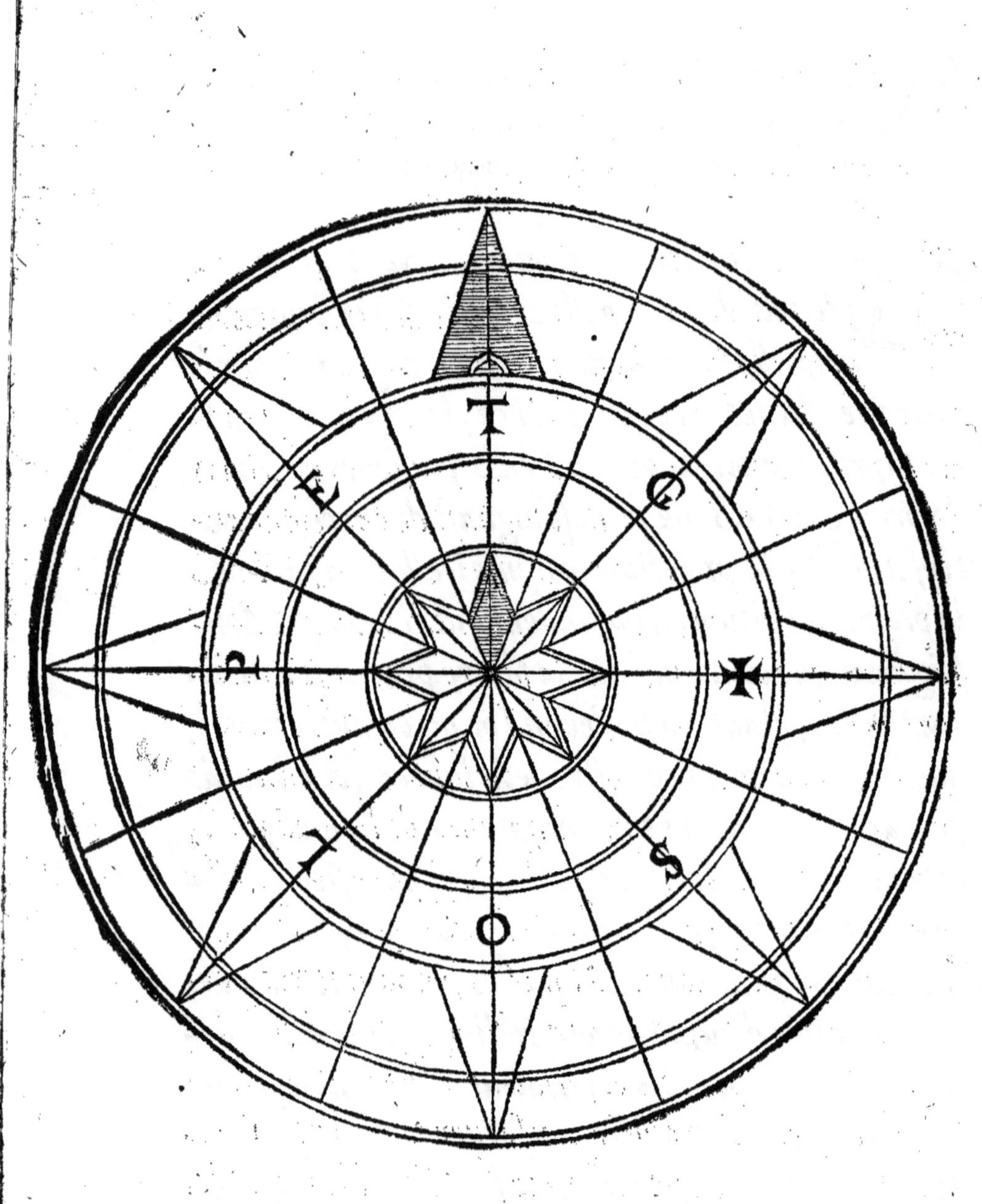
T
G
S
O
L
P
E

Inſtruction nouuelle des poincts plus excellẽts & neceſſaires touchant l'art de nauiguer.

Des principes neceßaires à l'art de nauiguer. Chap. I.

NOus appellons cõmunement l'art de nauiguer la ſcience de bien & ſeuremẽt gouuerner & diriger par reigles certaines le nauire, de l'vn port à l'autre. Ceſte pratique eſt repartie en deux, à ſçauoir en la nauigation cõmune & la nauigation grande. La nauigation cõmune ne ſe ſert d'autres inſtrumẽs, que de l'experiẽce, de l'aiguille, & de la ſonde. Car l'entiere ſcience de ceſte nauigation commune ne conſiſte en autre, qu'à bien & parfaictemẽt cõnoiſtre tous les caps, ports, & riuieres, comme iceulx ſe monſtrent & s'apparoiſſent en mer, quelle diſtance il y a entre eux, quelle route ou cours ils tiennent, auſſy à quel rumb de Lune la marée y eſt plaine ou baſſe, le cours & deſcente de toutes eaues, auecque la qualité, profondeur & fond d'icelles. Ce que principalement (comme deſſus eſt dict) s'apprend par experience, & inſtruction des anciens Pilotes bien exercitez.

La nauigation grande ſe ſert outre les pratiques ſuſdites, de pluſieurs autres reigles fort ingenieuſes & inſtrumens prins de l'art de l'Aſtronomie & Coſmographie, leſquels inſtrumẽts & reigles no' preſuppoſons de deduire en ce petit traicté, tant clairement & facilement que ſera poſsible, le tout ſelon l'exigence de la matiere.

Or puis que deſſus eſt declaré, que les reigles principales de la grande nauigation procedent de l'Astronomie, il est tres-necessaire que tout Pilote soit premierement bien instruit és fondemens, & premiers principes de cest art, à sçauoir, qu'il saue & entende la diuision du monde en ses spheres, ausi les poincts, lignes & cercles qui es mesmes spheres s'imaginent, comme le Pole Arctique & Antarctique, la ligne Equinoctiale, le Zodiaque, les Colures, les Tropiques de Cancer & Capricorne, l'Orizon, Meridien, Zenith & autres semblables.

D'auantage, il doibt sçauoir que le ciel supreme, dict le premier mobile, faict vne reuolution en 24. heures, en rauissant auec luy toutes les autres spheres inferieures, de Orient par le midy vers l'Occident. Et au contraire que la sphere du Soleil faict vne reuolution de l'Occident vers Orient en l'espace d'vn an, celle de la Lune en vn mois, & ainsi chácune des autres planetes en son temps conuenable. Ce que luy fera connoitre iournellement en quel degré du Zodiaque sera le Soleil. Plus cõme le Soleil chacun an monte & descend sus & souz la ligne Equinoctiale: le leuer & coucher du Soleil, la hauteur du Pole, la longitude & latitude des regions, & plusieurs autres choses semblables fort ingenieuses, desquelles bien amplement ont escrit, Pierre Apian, Gemma Frison, Martin Cortez, Pierre de Medina, & beaucoup d'autres, pour donner parfaicte & pleiniere instruction de tout ce qui est dict, à vng diligent & industrieus Pilote.

Le Pilote ayant doncques bien entendu ces principes d'astronomie, se poura lors addõner à entendre les reigles & instrumés de la grande nauigation, lesquelles auons en ce petit traicté (affin de proceder par bon ordre) diuisé en

ceste

ceste maniere. Premierement ayant faict quelque discours des vens, Calamite, Compas marinier ou bossole, & cartes marines, nous enseignerons à trouuer la hauteur du Pole en tout lieu, par instrumens de nostre inuentiõ, non seulement à l'heure de midy, mais à chaque heure du iour. Puis parlerons de l'estoille du Nort, de l'arbaleste & autres instrumens, par lesquels on pourra à chaque heure de nuict prendre la hauteur dudict Pole. Tiercement enseignerons le moyen de facillemẽt sauoir les marées de plaine & basse mer, aussy de compter les lieuës qu'on aura nauigué auec plusieurs autres choses semblables tres-necessaires à la nauigation; Et pour le dernier enseignerons vne reigle assez facile & tresseure de nauiguer Est & Oëst, laquelle a esté incognue iusques à present, voire estimée impossible à tous ceux qui hantent la mer. *Ordre du liure*

Des vens. Chap. II.

PVis que la diuision des vens est le premier moyen de paruenir à la cognoissance de l'art de nauiguer, il est necessaire d'en faire icy aucune mention. Le vent donques par la definition de tous gens doctes, est vne vapeur, ou exhalation chaude & seiche, engendrée au ventre de la terre, laquelle en sortant si elle s'estende & souffle lateralement dessus la terre, nous l'appellons vent. Vitruue recite au 6. cha. de son premier liure d'Architecture, que Andronicus Cyrchestus Egyptien est le premier inuenteur de la distinction des vens, dont les noms se prẽdent diuersement: car aucuns portent le nom des regions dont ils soufflent: les Grecs appellent le vent d'Oëst, Lybs, pource qu'il sourd de Lybie. Africus celluy qui vient d'Afrique. Semblablement les mariniers de la mer Mediterranée, appellent le vent de Nort, Tramontane: parce qu'il leur vient d'outre les monts. Le vent de Sudest, Syroccho, à cause qu'il leur vient de Syrie, & ainsi des autres.

Aucuns vens tiennent leur noms, de la qualité qu'ils causent sur la terre: parquoy les anciens Grecs nommoyent le vent de Sud, Nothus, c'est à dire, humide: pource qu'il engendre ordinairement pluye. Le vent de Nort, Boreas, c'est à dire, fort bruiant: pour ce qu'il rend tousiours grand bruit ou son: & ainsi des autres.

Toutes regions & nations accordent en la situation des quatre vens principaux, selon les quatre parties de l'Orizon, ou angles du mõde: à sçauoir, Leuãt, Midy, Occident & Septentrion, mais és autres subdiuisiõs sont ils differẽs.

Les anciens Cosmographes tant Grecs que Latins, repartissoyent chacun quart de l'Orizon, en deux vens collateraux: de sorte qu'ilz ont en tout douze vẽts: la description des noms desquels laissons maintenant, d'autant qu'ilz ne seruent de rien à nos mariniers.

Les Pilotes de la mer mediterranée n'ont en leur naturel langage que les noms des 8. vens principaux: dont mettons icy leur noms tant Italiens que François, à cause que Christoffle Columbe, Loys Cadamust, Ferdinande Cortez, Albertus Vespusius, & autres qui premieremẽt ont nauigué les Indes orientales & occidentales, souuent se seruent desdits noms en leur escrits.

Tramontana,	*Nort.*	Mezzodi,	*Sud.*
Griego,	*Nortest.*	Garbino,	*Sudoëst.*
Leuante,	*Est.*	Ponente,	*Oëst.*
Syrroccho,	*Sudest.*	Maistro,	*Nortoëst.*

Les

Les mariniers du païs bas ne s'arrestans à ces subdiuisions imparfaictes, ont reparti egalement l'Orizon entier (afin d'estre entierement asseurez de leur routes) en 32. Rumbs, qui leur noms acquierent desdicts quatre vens principaux. Aussy sont ils sur tous autres, hantans la mer, dignes de louenge, pour ceste leur industrieuse & bonne subdiuision : veu que tous les Pilotes de nostre tẽps, tant Italiens, Espagnolz, Portuguez, que François, Escossois & Anglois vsent maintenant ceste subdiuisiõ des vents en leur donnant les noms, selõ la proprieté de nostre langue Flamende, disant en lieu de Noorden, *Nort*: de Suyden, *Sud* ou *Sur*: de Oost, *Est*: de VVest, *Oëst*, & consequamment des autres. Car le mot VVest ne peuuent ilz escrire en leur langage naturel, pource qu'ilz n'ont en leur Alphabeth ceste lettre. VV. que les Grecs appellent Digamma AEolicum. A tant vous suffira ce discours des vens, car de mettre noz 32. Rumbs au long, ce seroit superflu, d'autant qu'ils sont à tous plus que connus.

De la Calamite, Bossole, & du Nortester, & Nortoëster des aiguilles. Chap. III.

LA Calamite ou Aimant, s'appelle en Latin Magnes, du nom de celluy (comme dict Pline) qui premieremẽt l'a trouué. Dioscordies parlant des pierres & de leur vertus, enseigne le moyen de connoistre la bonne Calamite. Celle (dict il) qui facilement attire le fer, qui est solide & pas trop pesante, ayant la couleur de fer, en tirant sur le pers, est la meilleure. La cause que l'Aimant attire le fer est, que l'esprit du fer & acier est en luy enclos. Paracelse enseigne vn grand secret d'augmenter en

Plin. li. 36.

Lib. 5. cap. 93. De Medicinali materia

Aureolus

Theoph. Parac. lib. 7. de natura rerũ. decuple sa force & vertu, dont i'ay veu aucune experience, & le moyen est tel : Mettez l'Aimant en feu de charbon, tant qu'il soit bien chaud, sans rougir: estaindés le en huyle de Crocus Martis, afin qu'il boiue à souffisance de ceste huyle, laquelle l'inuestira de telle vertu & efficace (comme declaire ledict Paracelse) qu'on en pourra arracher vn clou d'vne muraille.

D'autre part doibt on aussy sauoir, ce qui mortifie la vertu de l'Aymant, qui sont, selon l'opinion d'aucuns, les Aulx, cõbien que l'experience demonstre le contraire. *Lib. 3. de natura rerũ.* Paracelse dict que le fer & Acier n'ont ennemy plus grand que l'Argent vif. Parainsi qui plongeroit l'Aimant (qui contient en luy l'esprit du fer & d'acier) en huyle d'Argent vif, voire tant seulement l'oindroit d'Argent vif, l'amortiroit tellement que de la en auant il seroit priué de sa premiere vertu attractiue. Outre ceste susditte, & plusieurs autres vertus, a l'Aymant à ses deux bouts vne autre fort singuliere & necessaire proprieté de monstrer le Nort & Sud, dont les aiguilles des Compas & autres empruntent leur vertu, comme à vn chacun est assez notoire: Parainsi quiconque frotera l'aiguille auecque le Nort de ceste pierre, doibt sur tout prendre garde, que la poincte de l'aiguille qui est fermée dessouz la Rose, soit tresnette & pure: car tant plus sera nette, tant plus ferme y imprimera l'Aymant sa vertu.

En tous Compas vulgaires n'est le bout du Nort de laditte aiguille d'acier, affermi precisement dessouz la fleur de lis, mais on le met ordinairement declinant quasi vn Rumb du Nort à l'Est, veu que l'Aimant, principalemẽt en ces païs, decline autant du Nort à l'Est.

Or

Or pour declarer la cause de ceste declinaison du Nort à l'Est, & aucunefois à l'Oëst, il est à noter que les gens doctes en parlent diuersement. Hierosme Cardan grand Mathematicien & tré-docte Medicin, declaire qu'il n'y a autre raison, de ce froter auec l'Aymant au Compas, tousiours 5. degrez (qui est quasi vn demy Rumb) du Nort à l'Est, sinon pource que l'Aymant tousiours suit vne certaine mine, laquelle regarde l'estoille du Nort qui tousiours se leue declinant 5. degrez du Nort à l'Est.

Lib. 7. de Subtil. rerũ.

Ceste opinion est en partie veritable, & en partie non: car quant à ce que l'Aimant suit vne certaine mine, comme sa propre source, cela se trouue par experience veritable: mais que ceste mine tousiours suiue à 5. degrez, le leuer de l'estoille du Nort, ainsi que l'Azimuth de ceste estoille est dessouz son Pole de Milan, cela n'est pas vray-semblable, car tant plus que le Pole du monde est esleué, tant plus grand sera trouué son Azimuth: toutesfois il veult tousiours tenir la declinaison seulement à 5. degrez, laquelle en diuers lieux d'Italie se treuue à 10. & 11. degrez & d'auãtaige.

Le mesme Cardan dict en son liure de proportionibus, que ceste declinaison procede de la diuersité du centre de la terre, au centre du mõde, & prend la mesme declinaison de 9. degrez: mais ce qu'il y a à dire sur cecy, sera demonstré en autre lieu.

Martin Cortez est d'autre opinion, disant: quand on est dessouz le Meridien du lieu, ou l'Aimant monstre iustement le Pole du monde, on imaginera au ciel vn poinct actractif vers lequel l'Aimant tire: & ce poinct viendra dessouz le Pole: & veult ainsi defendre son opinion: mais où ce poinct est constitué au ciel, & combien il

Lib. 3. de la sphere & nauigation.

est distant du Pole, ne dit il pas, laissant ainsi son opinion assez sotte imparfaicte, & sans aucune demonstration.

Liu. 6. chap. 3. 4.6. Pierre de Medina grand Pilote du Roy d'Espaigne sur les Indes Occidentales, dict qu'il n'y a aucune raison pour demonstrer le Nortester & Nortoëster des aiguilles en la bossole: mais que c'est vne sotte presomption des rudes Pilotes. Et conclud, qu'on ne peut proprement sçauoir si l'aiguille au compas marinier decline du vray Pole (lequel tousiours est inuisible) ou non, en quoy il s'abuse semblablement.

Les anciens Pilotes de ces païs bas, pensent que l'acier est mis vn demy Rumb declinant de la fleur de lis à l'Est, affin que quand ils nauiguent la mer Oceane, & approchét la France ou l'Espaigne, ou les ondes de la mer les poussent trop vers les costes, de sorte qu'ils ne peuuent tenir la vraye route, ils pensent qu'on remedie cecy par ce demy Rumb, mais ils sont aussy abusez: Car le tresdocte Mathematicien & tresexcellent Geographe, Gerard Mercator rend meilleures & aussi plus viues & naturelles raisons que les susdits, en disant, qu'vn Pilote bien expert & exercité, nommé François de Diepe, à trouué par experience, que ceux qui sont és isles des Assores, S. Marie & S. Michiel, treuuét que les aiguilles n'y declinent aucunemét à l'Est ou Oëst. En nostre païs trouuons la declinaison à 9. ou 10. degrez: Par ainsi ledict Mercator faict vne conclusion, principalement par la declinaison de l'aiguille par luy trouué en Ratisbonne, que le Pole de l'Aimant doit estre mis au Meridien, qui passe par dessus les isles des Assoires (autrement dittes les isles Flamédes) & dessus les isles de Cabo Verde, nommez Bonauista & Mayo, à 16½. degrez de l'autre costé du Pole du monde.

Car

Car ledict Mercator dict qu'il y a vne grande roche & mine d'Aimant, vers laquelle s'enclinent tous les autres Calamites. Le mesme semblent approuuer les tresexcellentes cartes marines de Bartholomeus Velius Geographe du Roy de Portugal, qui semblablement constitue son premier Meridien aux isles des Assoires, & non dessus l'isle de Corno, comme aucuns veullent.

Qui semble estre la cause que les Cosmographes modernes constituent la longitude des regions & villes, 5. degrez plus auant, qu'icelle de Ptolomeus & autres anciens est annotée: veu que le Meridiẽ des isles de Canarie qu'on dit fortunées, (dont les anciens commencent à conter la longitude) est enuiron 5. degrez plus Oriental que ce dernier trouué Meridien des Assoires & de l'Aimant.

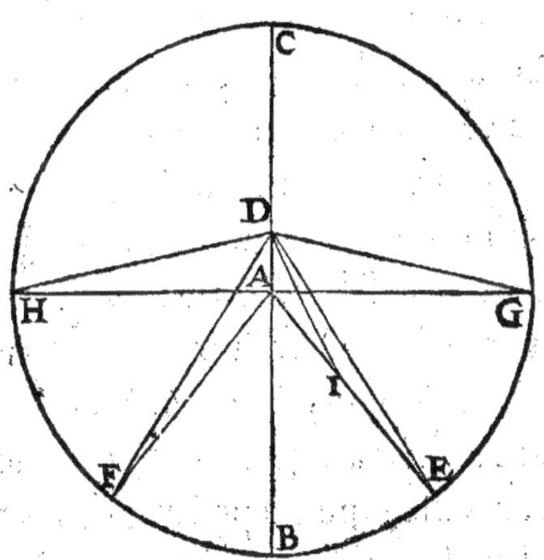

Or pour demonstrer par deliniation ces deux Poles, asçauoir celuy du monde & de l'Aimant, auec tout ce qu'en depẽd: Posez que *A.* soit le Pole du mõde au Nort, le Meridien passant les susdittes isles des Assoires, *B.C.* celuy qui est en *B.* trouuera que l'aiguille du compas monstrera le vray Pole du monde, pource que le Pole du monde *A.* est iuste au Rumb de l'aiguille, qui s'encline vers le Pole de l'Aymant *D.* & la distance entre *A.* & *D.* est $16\frac{1}{2}$. degrez: parainsi tant que le nauire nauiguera souz le mesme Meridiẽ des Assoires *B.A.D.C.* l'aiguille (qui s'encline vers sa mine ou Pole *D.*) monstrera aussi le Pole du monde. Mais si aucun delaissant ledit Meridien nauigue vers Est, & vient (comme par exemple) iusques en *E.* l'aiguille declinera aussi du vray Pole du monde, & du Nort à l'Est. Car estant en *E.* vostre ligne droicte du Nort est *E.A.* mais l'aiguille s'encline vers son Pole à main droicte, ou à l'Est, dont s'ensuit que la declinaison de l'aiguille est à l'Est, autant que l'angle *A.E.D.* monstre. Pareillement si aucun se depart de ce Meridien des Assoires *B.* & nauigue vers Oëst, comme en *F.* l'aiguille declinera semblablemẽt Oëst, pource que la droicte ligne *F. A.* monstre le vray Nort, mais l'aiguille au compas marinier tirant comme dessus vers son Pole *D.* declinera à l'Oëst en *F.D.* selon la quantité de l'angle *A.F.D.* Brief, l'aiguille monstre souz le Meridien des Assoires, seulement le vray Pole, mais si vous vous deuoyez d'icelluy à l'Est, l'aiguille declinera pareillement à l'Est, iusques à ce que viendrez à l'autre costé du Meridien en *C.* & la plus grande declinaison sera au quart de la parallele, à sçauoir en *G.* Au contraire, ainsi que nauigués en vous departant dudit Meridien à l'Oëst, la declinaison de l'aiguille sera aussi à l'Oëst, iusques a ce que viendrez audict poinct *C.* dudict Meridien, & la plus grãde declinaison sera semblablement au quart de la parallele en *H.* Car ainsi que la declinaison peu à peu s'augmente de *B.* en *G.* ou en *H.* de mesme sorte decroist icelle de *G.* ou *H.* en *C.* de maniere que la declinaisõ est nulle au poinct *C.*

De ceste consideration de Nortester ou Nortoëster de l'aiguille, ensuit donques que quand deux villes sont souz vn mesme Meridien, que celle qui plus approche le Pole du Nort, à plus grande declinaison, que l'autre qui est la plus

plus distante. Mais pour le demonstrer, soit en la figure precedente la ville plus proche du Pole *I.* & la plus distante *E.* assises toutes deux souz le Meridien *E.A.* or l'aiguille en *E.* monstre le Pole de l'Aymant *D.* par la ligne *E.D.* & en *I.* le monstre elle par la ligne *I.D.* Et par la doctrine d'Euclide, l'angle *A.I.D.* est plus grand & large que l'angle *A.E.D.* dont s'ensuit que l'aiguille declinera plus en *I.* que en *E.* Les declinaisons de l'aiguille des Compas mariniers sont donques fort diuers, & se changent selon l'assiette du lieu où lon est. Parquoy quand aucun voudroit sauoir la declinaison de l'aiguille du lieu de sa demeure, il doibt premierement tirer sur vne table bien poliẽ sa ligne Meridienne, par laquelle il cognoistra facilement, la vraye declinaison, que l'aiguille faict au Compas du vray Nort. Et combien que plusieurs gens doctes ont enseigné de tirer ceste ligne Meridienne, toutesfois il n'y a autre que le docte Mathematicien Andrieu Schoner, qui enseigne le vray moyen & fondement, dont il a faict vn discours singulier. Doncques selon ceste reigle de Mercator, seroit la declinaison des aiguilles en la ville d'Anuers (comme on peut compter *per tabulas sinuum*) enuirõ 9. degrez du Nort à l'Est, ce que par experience ie treuue veritable.

Aucuns Pilotes estans à Terre-neuue, & voyants l'estoille du Nort au Nordest en estoient fort esmerueillés, ne sçachants la cause de l'abus: laquelle estoit pour ce que le Compas dont ils se seruirent pour lors à compter leur Rumbs, estoit composé Nortestant, lequel deuoit Nortoëster, pource que Terre-neuue est Occidentale des Assoires, comme par la figure precedente peut estre mieux entendu.

Plusieurs autres choses semblables de ce Nortester & Nortoëster des aiguilles pourroit on reciter, desquels n'en fairons plus aucune mention, par ce que les mariniers les iugeroient inutilles. Mais pour conclure la consideration de ces Compas maronniers, i'en diray mon opinion, laquelle par l'aduis de tous les Pilotes bien exercités est, qu'on doibt auoir bon esgard à la Carte marine & au Cõpas maronnier qu'on vsera en nauiguant, à sauoir, que l'aiguille decline iustement autant, qu'elle estoit faicte declinante de celuy qui a faict vostre Carte marine, & par ainsi vous n'encourerez en aucune faute. car, comme dessus est dict, l'experience passe en ce beaucop la science, par ce que ceste chose de mer ne peut estre encores si facilement redigée à quelque reigle generale.

Des Cartes marines & de ce qu'en depend. Chap. IIII.

LA maniere de commencer & parfaire les Cartes marines auecque leur Rumbs, ports, caps, riuieres, bancqs, & choses semblables, est amplement assez enseigné par Pierre de Medina, Gaultier Rijff, Martin Cortez, & autres, de sorte que ie declareray icy tant seulement aucuns poincts principaux, & necessaires à considerer en icelles. Il est à vn chacun plus que notoire (principalemẽt à ceux qui entendent les fondemens & principes de la Cosmographie,) que la mer est conuexe ou bossue, à cause de la rondeur de la terre, de sorte qu'il semble impossible, de pouuoir descrire ou delinier la mer auecques ses dependences en plaine estendue en la carte marine. Le Prince des Geographes Claudius Ptolemæus, de tout le susdict, a

donné

donné inſtructions treſcertaines, leſquelles par Ian Verner, Pierre Apian, & pluſieurs autres, ſont aſſez amplemẽt commentées, mais qu'eſt-ce? ceſte leur deſcription, n'eſt aucunement à comparer aux Cartes marines que nos Pilotes compoſent & vſent maintenant. Car Ptolomeus, pour delinier le monde en plaine eſtendue, pourſuit par la proportion des paralleles, conſtituant chacune d'elles ſelon leur deuë grandeur: mais nos Pilotes ſans auoir à ce aucun eſgard, ordonnent les Paralleles par tout d'vne meſme grandeur, leſquelles toutesfois declinans de l'Equinoctial vers les deux Poles petit à petit decroiſſent, de telle ſorte qu'à la fin eſtans au Pole viennent à rien: ce qui cauſe vn œuure imparfaict & mal ordõné. Or pour exemple, poſé le cas que deux nauires ſe partent egalement de deux ports diuers, ſituez ſouz l'Equinoctial, nauiguans egalement Nort, ou Sud, iuſques à ce qu'elles ſont venues ſouz la parallele, ou hauteur du Pole de 60. degrez, ou icelles ſeroient, ſelon la Carte marine, autant eſloignées l'vne de l'autre, commes elles eſtoiẽt és lieux de leur depart de l'Equinoctial, ce que toutesfois differe exactemẽt la moitié: car elles ne ſerõt ſeparées que la moitié de ce qu'elles eſtoient au departir: par ce que la parallele de 60. degrez n'a de grandeur que la iuſte moitié de l'Equinoctial, ce que facilement peut eſtre entendu par la rondeur de la terre & de la mer. Par ainſi il appert que les regions ſont imparfaictement deſcrites aux Cartes marines, voire aucunefois ſont elles marquées deux fois ſi grandes & d'auantaige qu'elles ne ſont. Mais on dict qu'il n'y a choſe plus puiſſante que la couſtume. Parquoy combien qu'on vouldroit maintenant ſur ce ordõner quelque autre reigle ſeure & certaine, les Pilotes ne la voudroient ſi toſt accepter, par ce qu'ils ne voudroient changer leurs couſtumes anciennes.

Qui eſt cauſe que ie m'en deporte d'en eſcrire plus amplement, les admoneſtant tant ſeulement de vouloir bien peſer les poincts, qui doibuent eſtre bien entendus és Cartes marines : à ſçauoir, qu'ils ſauent promptement noter en ladicte Carte les demy points fixes, dont l'vn ſignifie la place d'ou ils ſe departent, & l'autre ou ils pretendent d'arriuer.

Puis le tiers poinct mobile, ou ils arriuent iournellement : par lequel ils ſauent ordonner leur route, eſlire le vent idoine, & comter les lieuës de leur nauigation. Mais d'autant que tout cecy eſt aſſez amplement declaré par Pierre de Medina, il ſeroit ſuperflu d'en faire icy autrefois mention.

Combien que nous auons par cy deuant, en noſtre edition flamende, diſcouru ſommairement des cartes marines, il ne nous ſemble toutesfois hors du propos, d'en parler en ceſte traduction françoiſe, vn peu plus amplement, d'autant que ie m'aſſeure bien que cela ne ſera que treſ-agreable à pluſieurs, & ſingulieremẽt à ceux qui volontiers entendent le vray ſecret de ceſte matiere.

Ie dy doncques (comme au parauant auons declaré) que les Pilotes s'abuſent bien grandement, quand ils cuident que le cours des nauires ſe faict en la mer par voyes droictes, tout ainſi que les Rumbs des vents ſont marcqués en leur cartes marines par lignes droictes. Car premierement ils doibuent entendre, que quand ils nauiguent vers le Nort, ou Sud, qu'ils demeurent touſiours au deſſous d'vn grand cercle de la ſphere, qu'on appelle, le Meridien.

Mais

Mais si quelqu'vn nauigue à l'Est, ou Ouëst, au dessoubs de l'Equinoctial, il demourera semblablement tousiours en ce grand cercle, ou bien s'il faict nauigation de l'Est à l'Ouëst hors dudict cercle Equinoctial, il se trouuera aussi tousiours soubs vn mesme cercle parallele, ou equidistant de l'Equinoctial, selon l'eleuation du Pole, au dessoubs du quel il faict sa nauigation. Et celuy qui (en delaissant les quatre Rumbs principaux) faict sa nauigation par l'vn des aultres Rumbs, il est certain que son cours sera en forme d'vn cercle imparfaict, qu'on appelle Ligne spirale. Car lon doibt entendre que les Rumbs mis au Compas maronnier sont cercles grands de la sphere, lesquels on comprendra en ceste sorte: assauoir, que tout homme se tenant droictement debout, a tousiours (en quelque place du monde qu'il soit) son Zenith, ou poinct de coupeau directement sur sa teste. Et son cercle Meridien (passant par les deux Poles du mõde, & son Zenith ou point de coupeau) luy marquera en son horizon les vrays points de Nort & Sud: Et à droict angle auec ledict Meridien viendra vn aultre cercle passant sondict Zenith, lequel coupera le mesme horizon aux vrais points de l'Est & Ouëst. Et par ainsi sera ledict horizon reparty és quatre quarts des vents ou Rumbs principaux. Puis apres lon diuise vn chacun quart de l'horizon en 8. parties egales, & du Zenith sont tirés des cercles verticaux, menés à ces susdites diuisions de l'horizon, lesquels cercles repartiront l'Hemisphere visible en 32. Rumbs. Or si le poinct du coupeau, dit autrement Zenith, se change en infinies sortes auec son horizon, selon la diuerse situatiõ de l'homme, il est certain que tous les autres Rumbs se changeront en la mesme sorte. Celuy doncques

ques,qui nauigue vers le Nort ou Sud,change biẽ d'heure en heure de Zenith, d'horizõ, & de tous les autres Rumbs, toutesfois il demourera tousiours dessoubs le mesme cercle du Nord,ou Sud,qu'on dict Meridien, & pourra reallement,& par effect arriuer aux propres points de Nort,& Sud, marqués en l'horizõ de la place, dont il se partit premierement, lequel ne se peult faire par aucun des aultres Rumbs. Et en poursuiuant ceste mesme route pourra à la fin retourner(posant le cas qu'il se puisse nauiguer)au mesme port,dont il est premierement party. Ceux qui nauiguent vers l'Est,ou Ouëst,ne peuuẽt iamais (comme dict est) arriuer auec ces Rumbs, au vray point Oriẽtal ou Occidental,marcqué en l'horizon du lieu dont ils commençoient leur nauigation. Toutesfois ils ont aussi ceste preeminence commune auec la nauigation de Nort & Sud, c'est, qu'ils peuuent semblablement retourner (d'autant qu'ils demeurent tousiours dessous vn mesme parallele) au port propre dont ils ont premierement faict voile. Lequel ne se peut faire par aucun des aultres Rumbs, car comme cy dessus auons dict,tous les cours desdits Rumbs se font par certaines voyes tortues, qu'on nomme lignes spirales, desquelles la fin ne conuient auec son commencement. Or pour mieux comprendre la raison de ces lignes spirales,ensemble tout ce que nous auons dict cy dessus des quatres Rumbs principaux, si prendrons la figure ensuiuante, en laquelle soit *A.* le Pole arcticque, *B.A.C.* le cercle Meridien, *B.D.C.E.* le cercle Equinoctial tiré hors ledict Pole *A.* auec les aultres cercles paralleles selon leur place conuenable.

Et

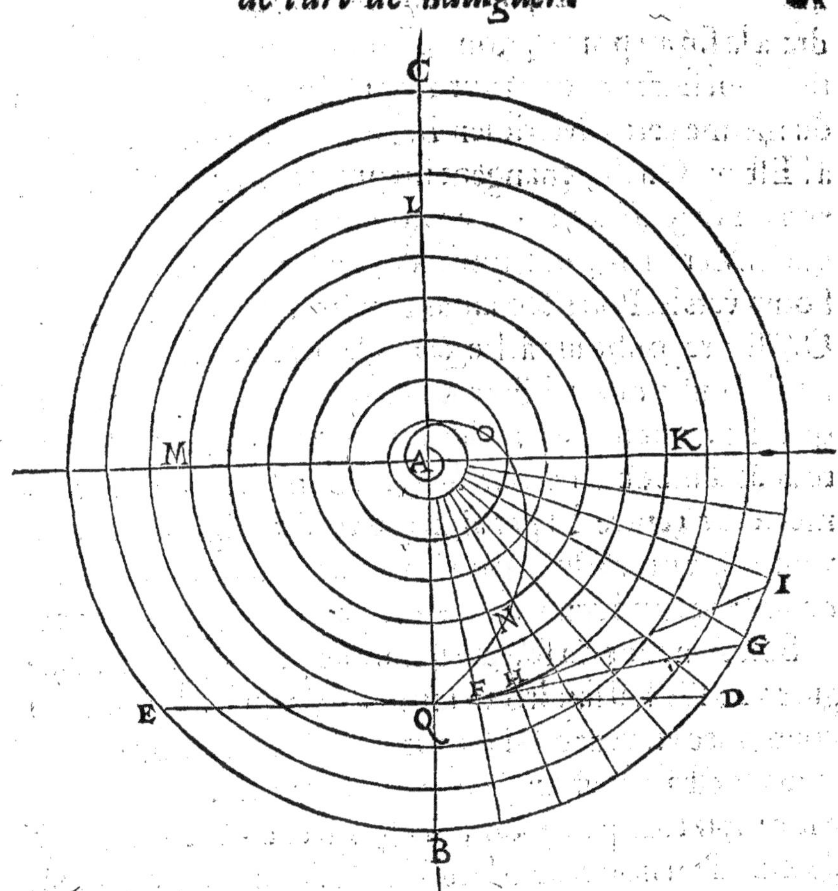

Et prenons le cas qu'vne nauire soit en *Q.* à l'eleuation du Pole de 30. degrez, son Zenith sera dōcques *Q.* son point de Nort vers *A.* & celuy du Sud vers *B.* mais le poinct de l'Est sera en *D.* & de l'Ouëst en *E.* en la ligne *D. Q. E.* laquelle vient à droict angle auec le Meridien *B. A. C.* Or si ladicte nauire nauigue vers le Nort, icelle voguera premierement auec vn vend du Sud, tant qu'elle vienne au Pole *A.* & de là passera vers le Sud, auec vn vent de Nort, iusques à tant qu'elle sera venuë au Pole antarctique: ce fait retournera, auec vn vent de Sud, vers le Nort, & par ainsi reuien-

 dra

dra à la fin au port *Q.* dont elle estoit premierement partie, ayant faict vn tour tout autour du monde, au dessoubs du mesme cercle Meridien *B. A. C.* Or ceux qui nauiguẽt à l'Est ou Ouëst, changent incontinent de Meridien, en venant d'heure à autre à vn nouueau Meridien, tous lesquels Meridiens, ou Rumbs de Nort & Sud, tendent tousiours vers les Poles, & d'autant que tout voyage de l'Est ou Ouëst, tire tousiours à droict angle auec chacun Meridien au dessoubs duquel ils sont venus, il s'ensuit doncques qu'il leur faut tousiours demourer & nauiguer tout alentour du Pole en vn cercle descript hors le mesme Pole cõme de son centre. Et par ainsi ceux qui nauiguent auec vn vent d'Est ou d'Ouëst, pourront nauiguer tout à l'entour du mõde & retourner au mesme port d'ou ils sont party.

Soit doncques la susdite nauire au port *Q.* pour nauiguer vers l'Est, il faudroit premieremẽt qu'icelle print son cours, auec vn vent d'Ouëst, vers *D.* au long de la ligne *Q.D.* laquelle est à droict angle auec le Meridien *B. A. C.* mais elle n'est si tost partie du port *Q.* qu'elle ne se trouue au dessous d'vn nouueau Meridiẽ *A.F.* duquel le vray poinct Oriental est en *G.* partant elle deuroit reprendre sa route vers le poinct *G.* selon le Rumb *F.G.* mais aussi tost qu'elle recõmence à se partir du Meridien *A.F.* elle vient à vn aultre, cõme au Meridien *A. H.* duquel le vray point de l'Est sera vers *I.* & pour reprendre, comme au parauant, son cours Oriental, il faut qu'elle nauigue de *H.* vers *I.* mais elle n'est à grand peine partie de *H.* qu'elle ne se trouue derechef au dessous d'vn aultre Meridiẽ, lequel la renuoye (comme les susdits) à vn aultre point d'Orient, la faisant ainsi (par ceste tant subite & cõtinuelle variation des Me-

ridiens)

ridiens) virer & tourner tout à l'entour du Pole, comme en vn cercle, parallele auec l'Equinoctial, duquel cercle parallele, ledit Pole, en est le centre. Dont aduient, que ladite nauire, ayant passé les points *F.* & *H.* reuiendra à la parfin, par les points *K L.* & *M.* iusques en *Q.* dont elle estoit partie.

Mais si quelqu'vn se partit de *Q.* en delaissant ces quatre Rumbs principaux, & print (posé le cas) sa route par le Rumb de Nort Est, ie dy que le mesme (à cause qu'il doibt tousiours prendre son cours, entre le Pole *A.* & le vray poinct Oriental du lieu ou il se trouue) s'approchera peu à peu dudict Pole, en venant d'heure à autre à des nouueaus Meridiens, desquels il se parte aussi incontinẽt, en prenant, comme au parauant, tousiours son chemin par le milieu entre sondict nouueau Meridien, & le cercle parallele du lieu où il sera venu. Partant, quand ladite nauire se part de *Q.* ne tenant la voye du Meridiẽ *Q A.* ains se bouge dudict Meridiẽ vers la main droicte entre le Rumb de Nort *Q A.* & celuy de l'Est *Q D.* il sera certain que son cours ne sera pas droict comme celuy de *Q* en *A.* ny aussi parfaictement rond comme celuy du parallele *Q K.* &c. mais trouuera que sondict chemin sera composé du droict & rond. Lequel chemin, pour la continuelle variation de Meridien & cercle parallele s'apparoistra, en forme d'vne ligne spirale, comme la ligne tortue *Q N O.* le demõstre. Et le semblable luy aduiendra par tous les autres Rumbs collateraux aux quatre principaux: combien qu'aucuns desdits Rumbs seront plus droits, les vns que les aultres: à sçauoir ceux qui sont plus proches du Rumb de Nort & Sud seront les plus droits, & au contraire les autres qui sont pres du Rumb de l'Est, ou Ouest tirerõt plus sur la forme rõde.

La

La predicte nauire doncques, estant partie du poinct *Q.* poursuiuant ledict Rumb du Nort-est *QNO.* s'approchera bien peu à peu, du Pole *A.* mais elle ne pourra iamais arriuer à icelluy, veu que persõne ne peut venir au dessoubs des Poles, que par le Rumb de Nort & Sud. Et à cause que ladicte nauire se tourne peu à peu vers ledict Pole *A* au lõg de la ligne spirale *QNO.* il est certain qu'icelle ne pourra nauiguer aultant delà le Pole *A.* comme elle en estoit au parauant deça, quand elle estoit en *Q.* dont s'ensuit que ladicte nauire ne pourra iamais tourner à l'entour du mõde, n'y reuenir au poinct dont elle se partist premieremẽt. Or de tout le deduict de dessus, prendrons trois conclusions; dont la premiere est du voyage de Nort & Sud, duquel ie dy, qu'à cause qu'iceluy se faict au dessoubs du Meridien, qui est grand cercle de la Sphere, passant les deux Poles, que ceux cy seulement (nauiguans par le susdict Rumb) peuuent venir au dessoubs des Poles, & contourner tout à l'entour du monde, de sorte qu'il leur seroit possible (s'il y auoit mer nauigable) de retourner au mesme port dont ils estoient partis.

La seconde conclusion est, que ceux qui nauiguent le Rumb de l'Est ou Ouëst, demeurent tousiours egalement distants du Pole, & peuuent semblablement nauiguer à l'entour du monde, soubs le cercle parallele de l'Equinoctial, & retourner au mesme poinct dont ils sont partis. Lequel cercle parallele, sera grand ou petit selon qu'iceluy sera distant de l'Equinoctial, de sorte que nulle nauigatiõ de l'Est & Ouëst pourra faire vn tour, tout alentour du monde, sinon celle qui se fera soubs l'Equinoctial, veu que toutes les aultres, seront tousiours moindres, pour

autant

autant qu'icelles auront grande distance de l'Equinoctial.

La tierce conclusion dict., que quand quelqu'vn tient vn autre Rumb qu'vn des quatre principaux, qu'iceluy s'approchera bien peu à peu d'vn Pole, mais qu'il n'y arriuera iamais, semblablement il pourra nauiguer tout alentour du Pole, mais ce sera par distance inegale, car estant venu à l'autre costé dudit Pole, il y sera plus prés qu'il ne fut premierement quand il estoit deça le Pole. De sorte qu'il ne peult iamais retourner au port dont il fut party.

Or ayant bien entendu ces proprietés des Rumbs, il sera aisé de cognoistre les imperfections des Cartes marines, auec tout ce qui en depend. Car premierement les cours de tous les Rumbs, qui esdites Cartes sõt tirés & descripts par lignes droites, demonstrẽt qu'auec vn chascun Rumb lon pourra nauiguer tout à l'entour du monde, & retourner au mesme port dont on sera party. Lequel Pierre de Medine & son traducteur & augmẽtateur Nicolas de Nicolai, affermẽt pour chose veritable, au 6. chapitre du 3. liure de l'art de nauiguer, quand ils disent: *La nauigation par les autres vens est en ceste maniere: Si vn nauigant au Nord'est, fait le tour en tout le monde, allãt tousiours par le mesme Rumb, retournera par le Sudoëst, au lieu dont il est party: & le mesme se tiendra par le contraire: & au surplus, on doibt tenir le compte comme dessus. Ie dy le mesme de la nauigation de Sudest, qu'il retournera par le Nortoëst, &c.* Ce que nous auons toutefois demonstré estre impossible à faire par autre Rumb, que par vn des quatre principaux.

D'auantage quand ils mettent les paralleles de l'Equinoctial par tout egaux, cela leur cause vne description des terres tresl-imparfaicte & inegale, en mettant à la fois vne

D region

regiō la moitié plus grande qu'icelle n'eſt de par ſoy meſme, comme nous auons par cy deuant demonſtré par exemples conuenables. Semblablement ceux qui nauiguēt à l'Eſt ou Ouëſt à l'entour du monde ſoubs le parallele de 60. degrez du hauteur du Pole, ferions (ſelon la meſure deſdites Cartes) autant de chemin & voyage que ceux qui veulent faire vn tour autour du monde ſoubs le cercle Equinoctial, lequel toutefois en feriont bien deux fois autant de chemin que les premiers, veu que la circōferēce de l'Equinoctial eſt double à celle du parallele de 60. degrez.

Et combien que nous pourrions icy mettre en auant vn nombre infini, de ces & ſemblables fautes, qui cauſent les Rumbs mis aux Cartes marines en lignes droites, nous les obmettrons toutefois pour le preſent, en attendant la commodité du temps pour en trouuer quelque reigle plus parfaicte & commodieuſe. Car quand à ce, que le grand Mathematicien Pierre Nunnez, en ſon liure des obſeruations & regles geometricques, y veult mettre ordre, ſi eſt ce que nous ne voulons parler d'iceluy pour le preſent, veu que toutes ſes imaginatiōs ne ſont, pour la plus grand part, que choſes peu praticables, & pour ceſte raiſon, de petite efficace pour les Pilotes.

Comme lon trouuera iournellement l'eleuation du Pole, par la hauteur du Soleil au midy. Chap. V.

PIerre Apian demonſtre, tant par figure que par eſcript, au 8. Chap. de ſa Coſmographie, qu'en tout lieu le Pole eſt touſiours eſleué deſſus l'Orizon, autant qu'eſt la latitude de la region du meſme lieu. Or la latitude s'entend pour la diſtance qui eſt entre l'Equi-

noctial

noctial & le Zenith de ladite region. Parquoy quant le Soleil est en la ligne Equinoctiale (ce qui aduient deux fois par an, à sçauoir enuiron l'onziéme de Mars, & 13. de Septembre) on prendra par le vulgaire Astrolabe marin, la hauteur du Soleil au midy, esleuans & abbaissans la reigle mobile, iusques à tant que le rayon du Soleil passant par le pertuis du pinnule superieur, rencontre iustement le pertuis inferieur. Cela faict, on comptera au quadrant dudict Astrolabe commençant d'en haut les degrez, qui sont entre le Zenith, & le degré touché du bout de la reigle mobile prés de la pinnule superieure, lesquels monstreront la latitude de la region, ou elevation du Pole. Or est ce que le Soleil (excepté cesdicts deux iours) est tousiours ou dessus ou dessous l'Equinoctial, à sçauoir à ceux qui sont sous le Pole Arctique, depuis l'onziéme de Mars iusques au 13. de Septembre, dessus de l'Equinoctial, & depuis le 13. de Septembre iusques à l'onziéme de Mars ensuiuant, desous ledict Equinoctial: parquoy on donne aux Pilotes quatre tables de la declinaison du Soleil, calculées par les Astronomiens, pour l'an de bissexte, & les trois autres ensuiuãs, mais la plus grande declinaison du Soleil est tousiours enuirõ le 12. de Iuin & 12. de Decembre, de $23\frac{1}{2}$. degrez: de sorte que le Pilote, n'a besoing d'autre chose pour sauoir à chacun iour l'eleuation du Pole, que son Astrolabe vulgaire, & les tables susdites de la declinaison pour les quatre ans. Ayant doncques prins la hauteur du Soleil au midy, il comptera au quadrant de l'Astrolabe, les degrez que la reigle mobile touche ou monstre, commençant (comme dessus est dict) à comter de haut en bas, lequel nombre il retiendra, & notera à part: Cela faict il entrera auecque le iour du mois en la table de la declinaison seruante à l'an courant, ou il trouuera les degrez & minutes que le Soleil sera decliné de l'Equinoctial: lesquels degrez & minutes se doibuent ioindre au nombre susdit (trouué par l'Astrolabe) quand il est souz le Pole Arctique, en cas que s'est entre l'onzieme de Mars & 13. de Septembre, & au contraire le soustraire depuis le 13. de Septembre, iusques à l'onzieme de Mars, dont le produit ou la reste sera la vraye hauteur du Pole du mesme lieu. Mais si d'aduenture il estoit soubs le Pole Antarctique, au lieu d'adiouster les degrez & minutes de la declinaison susditte, il les doibt soustraire, & au contraire les doibt il adiouster au lieu de soustraire.

Ces tables de declinaison se trouuent imprimées à part en vn petit traicté escrit en Flamen, intitulé *Graetboecxken &c.* ou en l'art de nauiguer de Pierre de Medina: Neantmoins tous ces tables sont calculées selon les anciennes tables Astronomiques du Roy Alphonse, qui regnoit enuiron l'an 1251. parquoy icelles ne peuuent pas parfaictement bien seruir pour le temps present, car la plus grande declinaison du Soleil, qui alors estoit de 23. degrez, 33. minutes, est continuellement decrue, de sorte que ne la trouuons maintenant sinon de 23. degrez 28. minutes, comme plus à plein sera demonstré en nos Theoriques des Planetes, qu'auons recueillies des tables de Copernicus & Erasmus Rheinhold. Neantmoins tous gés doctes pour la facilité comptent presentement la plus grande declinaison à 23. degrez 30. minut. côme aussi Martin Euerart, suiuant le mesme pied, a changé lesdittes tables en sa traduction de l'art de nauiguer de Pierre de Medine, lesquelles pourront seruir

ſeruir à tous Pilotes ſans le changer, pour pluſieurs centaines d'annees, comme par viues raiſons ſe peut demõſtrer.

La Fabrique d'vn Aſtrolabe vniuerſel, qui contient toutes les ſuſdittes tables de declinaiſon. Chap. VI.

CE nouueau Aſtrolabe auons ordonné vniuerſel auecque ſes tables de declinaiſon, affin que les Pilotes (eſtans en mer) ne ſeroient empeſchés d'aucuns liures ou tables, ne auſsi d'adiouſter, ou ſouſtraire leſdits degrez & minutes.

Et pour la fabrique d'iceluy prendrons ſeulement vn Aſtrolabe commun, ayant les deux quarts du rond d'enhaut, diuiſez ſelon la couſtume en deux fois 90. degrez, en commençant l'ordre des nombres de haut en bas. Et s'il eſt poſsible on repartira chacun degré en quatre, affin qu'il ſoit diuiſé par quarts de degrez. Plus on fera la reigle mobile auecque les deux tablettes ou pinnules, mais à chacun bout de ceſte reigle ſe mettra quelque planche en forme de marteau, large à chacun coſté de la ligne moyenne de la reigle mobile, iuſtemẽt 23½. degrez. L'vn de ces deux bouts repartirés en deux fois 23½ degrez, cõmençãt le nõbre au milieu de laditte ligne moyenne, aſcendant & deſcendant, de telle maniere que le bord exterieur de ceſt arc de 23½. degrez, touche iuſtement le cercle interieur des degrez de l'Aſtrolabe. Repartiſſez ſemblablement s'il eſt poſsible ces 23½. degrez par quarts, à cauſe de la perfection. Et par ainſi ſera parfaict la premiere face de ceſt Aſtrolabe, comme clairemẽt eſt demonſtré par la figure enſuiuante.

La face premiere de l'Aſtrolabe.

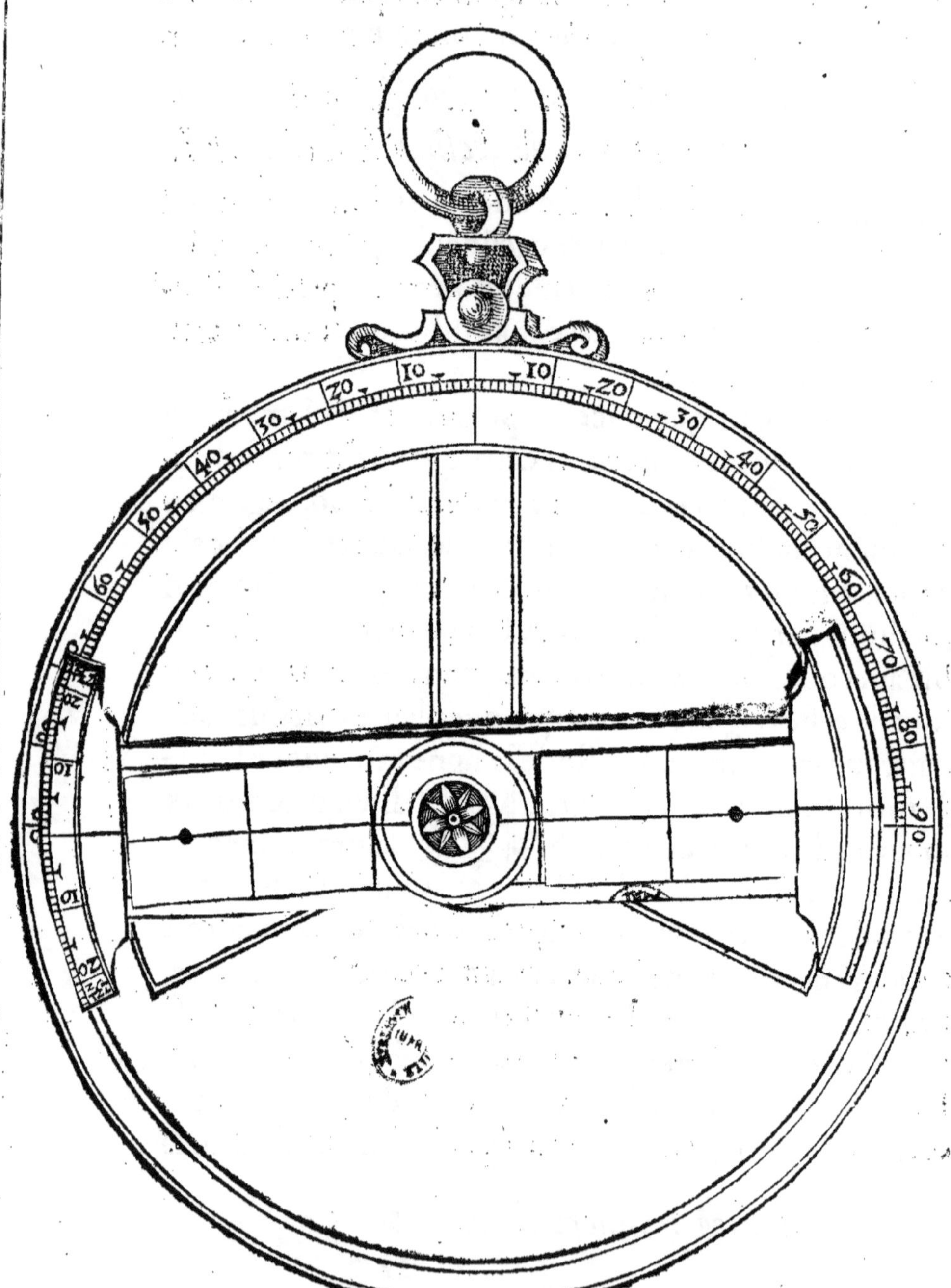
10
10
20
20
30
30
40
40
50
50
60
60
70
80
90

Pour la fabrique de la ſeconde face de ceſt Aſtrolabe, mettez premierement les quatre fois 90. degrez, ſubdiuiſés par les douze ſignes du Zodiaque, ſelon la reigle commune des Aſtronomiens. Au deſſoubs deſquels mettrez les douze mois de l'an, ſelon quelques Ephemerides qui ſont corrects, de l'an premier apres le Biſſexte, comme les fabricateurs des inſtrumens Mathematiques facilement ſauent ordõner. Cela faict, mettrez ſous le cercle des iours, les degrez de la declinaiſon du Soleil, ainſi que les auons ordonné en la table enſuiuante, & ce ſeulement pour le premier quart du Zodiaque, à ſçauoir, d'Aries iuſques à Cancer, pour ce que la diuiſion de chacun des autres quarts, eſt ſemblable à celle du premier: à ſçauoir, tout ainſi que le premier quart d'Aries iuſques à Cancer eſt ordonné, ſemblablement doit eſtre ordonné celuy d'Aries iuſques à Capricorne. Pareillement auſsi les autres deux quarts, à ſçauoir, de Libra à Capricorne, & de Libra iuſques à Cancer, comme appert par la ſeconde face de l'Aſtrolabe.

Table de chacun degré de la Declinaison du Soleil, correspondant aux degrez du Zodiaque.

dec ☉	G. M.		dec ☉	G. M.		dec ☉	G. M.	
1	2. 32	Aries.	13½	5. 55	Taurus.	20½	1. 35	Gemini.
2	5. 2		14	7. 26		20¾	2. 55	
3	7. 35		14½	9. 0		21	4. 10	
4	10. 7		15	10. 33		21¼	5. 35	
5	12. 40		15½	12. 10		21½	7. 0	
6	15. 15		16	13. 50		21¾	8. 35	
7	17. 50		16½	15. 30		22	10. 15	
8	20. 28		17	17. 16		22¼	12. 0	
9	23. 10		17½	19. 3		22½	14. 0	
10	25. 52		18	20. 55		22¾	16 12	
11	28. 40		18½	22. 50		23	19. 0	
11½	0. 2	Taurus.	19	24. 53		23⅛	20. 30	
12	1. 30		19½	27. 0		23¼	22. 26	
12½	2. 56		20	29. 15		23⅜	25. 5	
13	4. 25		20¼	0. 25	Gem.	23½	0. 0	Can.

En ceste presente table sont à la main gauche les degrez de la declinaison de 1. iusques à 23 ½. ioingnant lesquels à main droicte sont les degrez & minutes du premier quart du Zodiaque, correspondans aux degrez de la declinaison. Or pour mettre ces degrez de la declinaison sur l'Astrolabe, il est à considerer que le premier degré de la declinaison respód en laditte table à 2. degrez 32. minutes d'Aries. Fabriquez doncques l'indice ou la reigle mobile, qui se tourne sur le centre de l'Astrolabe, laquelle menée sur lesdits 2. degrez & 32. minutes d'Aries, & y marqués iustemét au cercle de la declinaison (qui est dessous le cercle des iours) ce nombre. 1. laquelle respondra aussi à 13 ¼. iour de Mars, signifiant que à 13 ¼. de Mars, (le Soleil estant à 2. degrez 32. minutes d'Aries) la declinaison du Soleil sera vn degré.

degré. Cela faict tournés laditte reigle sur 5. degrez 2. minutes d'Aries, & marqués derechef au cercle de la declinaison ce nombre 2. lequel poursuiurés iusques à 23½ degrez, comme les tables demonstrent, qui sera iusques au commencement de Cancer. Et comme ce premier quart de la declinaison est reparti, ainsi repartirés (comme dessus est dict) les autres trois quarts, & sera l'Astrolabe parfaict, comme par la figure ensuiuante est demonstré.

La Figure de la seconde face de l'Astrolabe.

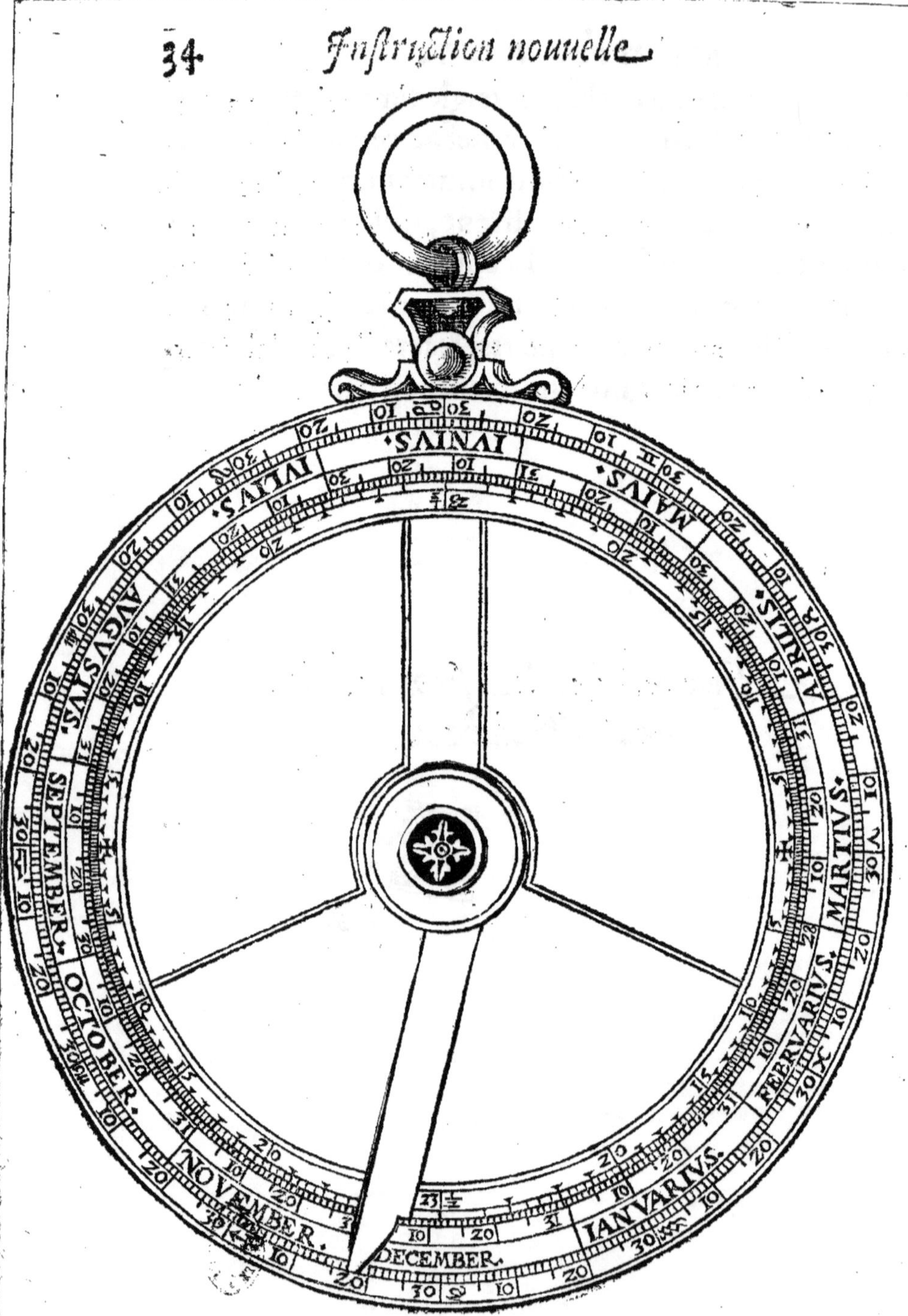
IVNIVS.
MAIVS.
APRILIS.
MARTIVS.
FEBRVARIVS.
IANVARIVS.
DECEMBER.
NOVEMBER.
OCTOBER.
SEPTEMBER.
AVGVSTVS.
IVLIVS.

De l'vsage de l'Astrolabe susdict. Chap. VII.

POur trouuer doncques iournellement par cest Astrolabe au midy la vraye eleuation du Pole de vostre lieu, tournés la reigle de la seconde face de l'Astrolabe, sur le iour du mois, & la tenant ferme, vous monstrera au cercle de la declinaison, la vraye declinaison du Soleil de ce iour. *Notés.*

Que ceste sera la vraye declinaison du Soleil, s'il est au premier an apres le bissexte.

Mais s'il est au secõd, mettés la reigle pour tout cest an à $\frac{1}{4}$. iour moins qu'il n'est, & vous aurés la vraye declinaison.

S'il est au tiers an, mettés la pour toute l'année laditte reigle, à $\frac{1}{2}$. iour moins, & icelle te monstrera la vraye declinaison.

Mais s'il est an de bissexte, mettés la reigle à $\frac{3}{4}$. d'vn iour moins, à sçauoir du premier iour de l'an, iusques au premier de Mars: mais apres le premier iour de Mars, mettés la reigle iusques à la fin de l'an à $\frac{1}{4}$. de iour plus auant qu'il n'est (à cause du 29. iour de Feburier) & ainsi aurez tousiours la iuste & vraye declinaison.

Quand vous auez la vraye declinaison du Soleil de ce iour, notés la à part: & prenés par la premiere face de l'Astrolabe la hauteur du Soleil, comme dessus est enseigné: aprés, si vous estes en l'Orizon Septentrional, comtés au bord de la declinaison, qui est au bout de la reigle mobile auecque les pinnules, la dessus reseruée declinaison, en cõmençant dés la ligne moyẽne en descendant, s'il est entre l'onziéme de Mars & le 13. de Septẽbre, ou en ascendãt, s'il est entre le 13. de Septembre & l'onziéme de Mars; le

 point

point où ce nombre termine vous enseignera au quart de l'Astrolabe la vraye eleuatiõ du Pole du lieu ou vous serez.

Mais si lon se trouue à l'Orizon Antarctique, il faudroit alors besoigner tout au contraire: à sçauoir, comtez la declinaison ascendante au lieu de la comter descendante, & au contraire descendante pour ascendante, comme par les principes de l'Astronomie est assez notoire.

Pour trouuer à chàque heure du iour la hauteur du Pole, par vn instrument rare & nouueau, de nostre inuention. Chap. VIII.

CEste pratique laquelle iusques à present a esté incognue aux Pilotes, est vne des reigles plus necessaires qu'on leur doiue communiquer, veu qu'il aduient bien souuent, que le Soleil ne se monstre au midy, mais bien deuant ou aprés. Et combiẽ qu'il semble que ce peut estre faict par l'instrument de Ptolomeus, qu'õ appelle Meteoroscope, qui est descrit par le tresdocte Mathematicien Ian de Mont-royal, toutesfois pour plusieurs raisõs on ne s'en peut seruir sur la mer. Sẽblablemẽt Martin Cortez a sur le mesme pied voulu ordonner vn autre instrument, lequel comme cest autre, est à ce inutile.

Parquoy, pour suruenir à tous Pilotes par la Mathematique; i'ay nouuellement inuenté vn instrument rare & singulier, lequel pour sa forme & vsage peut estre appellé *Hemisphærium Nauticum*, c'est à dire, l'Hemisphere marin: Par lequel lon peut trouuer par tout à chàcun' heure du iour, nõ seulemẽt la hauteur du Pole, mais aussi l'heure du iour, sãs la cõnoissance de la hauteur du Pole. Et la fabrique d'iceluy instrument sera declarée au Chapitre ensuiuant.

La Fabri-

La Fabrique de l'Hemisphere Marine. Chap. IX.

PRemierement en cest instrument est vne table ronde & plaine, laquelle nommerons l'Orizon, & sera marquée de quatre fois 90. degrez: semblablement sera sur icelle ordonné vn Compas marinier, comme appert par la figure suiuante, mais prenés garde que la declinaison de l'aiguille du Compas soit bien iuste, ou bien, ordonnez la generale, pour la cause par nous deduite au 3. Chap. Sur ceste table Orizontale est erigé orthogonalement le demy cercle Meridien, passant par le Nort & Sud, & au Zenith duquel est affiché vn armille ou anneau auec l'anse, comme lon met communement aux Astrolabes.

Plus y auez le demy cercle Equinoctial, tournãt sur deux petis gonds, mis en l'Est & Oüest de la table Horizontale, & iceluy est diuisé en 180. degrez, & aussi en deux fois 6. heures. Au mesme Equinoctial auez en la partie interieure, le petit arc de la declinaisõ du Soleil, qui se coule à droict angle auec ledit Equinoctial, auquel sont mis les 23½. degrez en ascendant, & autres 23½. degrez en descendant, declinans de l'Equinoctial.

Pour le dernier y auez le demy cercle d'Altitude auec son indice, ou reigle mobile & pinnules: lequel se tourne sur deux points, dont celuy de dessus est au Zenith du demy Meridien, & l'autre au centre de la table Orizontale: lequel demy cercle aura ses deux quarts diuisés en deux fois 90. degrez. Et cela vous suffira des parties & fabrique de cest instrument, laquelle ne touche pas beaucoup aux

Pilotes, mais plus tost à ceux qui sçauent fabriquer les instrumens de Mathematique. Parquoy mettrons icy tant seulement la figure dudit instrument, pour declarer son vsage au Chapitre ensuiuant.

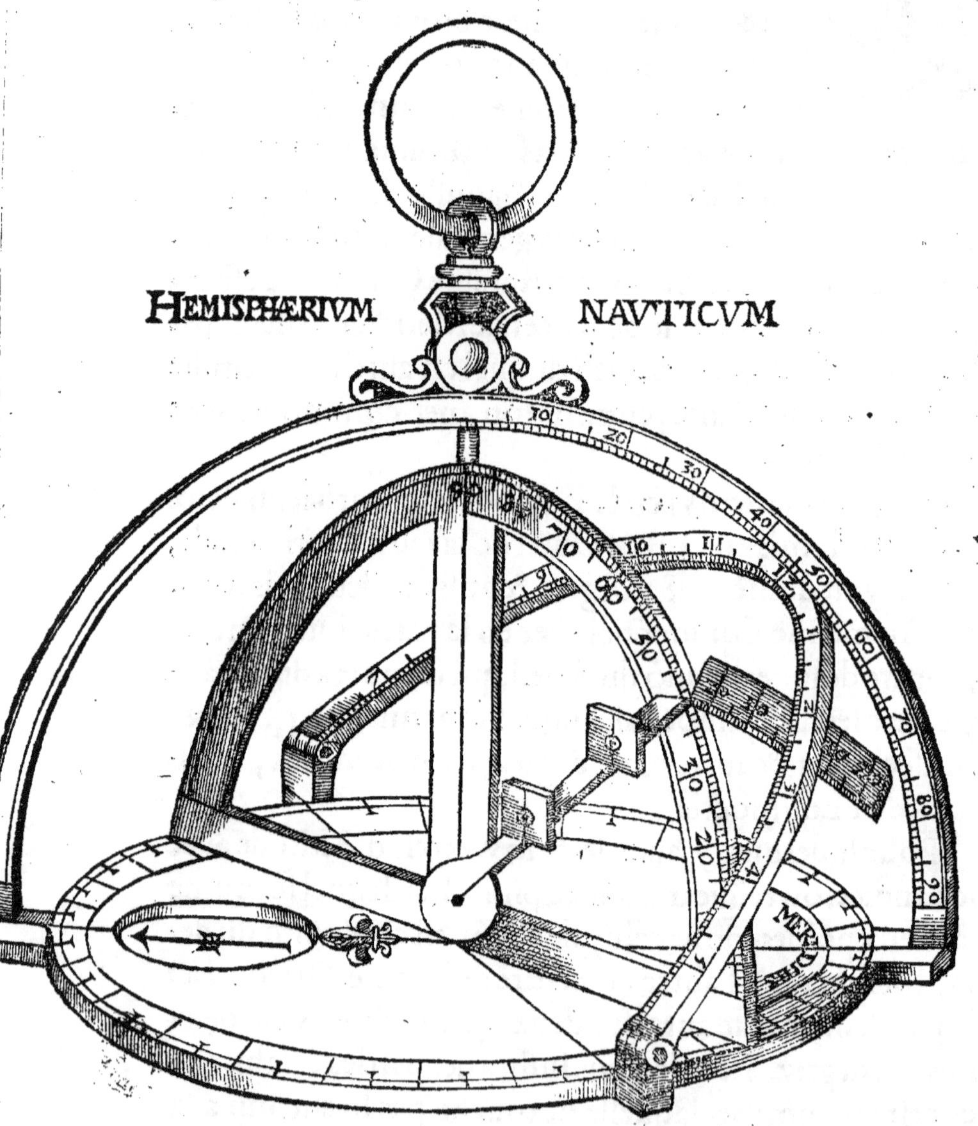

L'vsage

L'vsage de l'Hemisphere Marine. Chap. X.

PRemieremẽt on tiendra l'instrumẽt par l'anneau, en telle maniere qu'il pende librement, respondant aux quatre angles du monde, à sçauoir le Nort de l'instrument vers le Nort du Ciel, &c. ce qui se pourra faire par le Compas, qui est fermé sus la table Horizontale: D'auantage on tournera l'vn costé du demy cercle d'Altitude au Soleil, de sorte que l'ombre de ce demy cercle, quand le Soleil y iettera dessus ses rayons, tombe exactement, comme en ligne droicte, de l'vn bord à l'autre. Ceste ombre tombant ainsi exactement, semblablement l'instrumẽt pendant selon le Compas, puis tournés la reigle mobile du demy cercle, tant & si longuement éleuant ou abbaissant, que les rayons du Soleil passent droictement par les deux pertuis des deux pinnules de ladite reigle. Cela faict, mettés l'instrument sur le plant de la nauire, prenant bonne garde que rien ne se bouge, mais que chacune partie demeure iustemẽt sur ses degrez: à sçauoir la reigle mobile sur le degrez de la hauteur du Soleil au demy cercle, & le point du mesme demy cercle sur son degré en la table Orizontale. Maintenant deués sauoir la declinaison du Soleil, ou par nostre Astrolabe vniuersel, ou par les tables de quelque liure de nauigation: ou vous pouez faire grauer sur la table Orizontale vn Calendrier auec ses declinaisõs, en la mesme sorte que nous le posons en la seconde face de nostre Astrolabe vniuersel. Ce degré de declinaisõ marquerez, (ou retiẽdrez en la memoire) sur le petit arc de declinaison, qui se mene & remene à droit angle

angle en la partie interieure de l'Equinoctial; à sçauoir depuis l'onziéme de Mars iusques au 13. de Septembre, en la partie superieure, & en l'autre moitié de l'an en la partie inferieure, en cas que vous estes sous le Pole Arctique: mais si vous estes sous le Pole Antarctique, comtés au cõtraire. Quand le degré de la declinaison est ainsi marqué, & que la reste de l'instrument est demouré immobile, contournés le demy cercle Equinoctial au long du Meridien, le haussant ou abbaissant, en tournant aussi le petit arc de la declinaison vers le bout de la reigle mobile, iusques à ce que ce mesme bout vienne à toucher sur la declinaison du Soleil imaginé audict arc de declinaisõ. Quand tout cecy accorde, vous tiendrez ledict demy Equinoctial ferme, car il vous monstre au Meridien la hauteur du Pole de vostre lieu, en commençant à comter les degrez au Meridien, descendant du Zenith iusques au degré que l'Equinoctial monstre. Or par ce que le demy cercle Equinoctial est diuisé en deux fois 6. heures, commençant du point Oriental, 6.7.8.9.10.11.& 12. au milieu ou en l'angle du midy: puis apres midy 1.2.3.4.5.& 6. en Occident, vous regarderez (ce pendant que l'instrument consiste encore immobile) ou l'arc de la declinaison monstre en l'Equinoctial, car celle est la vraye heure du iour.

La hauteur du Pole à toute heure du iour.

Cercher l'heure du iour.

Doncques pour trouuer les heures du iour par l'ombre du Soleil, il n'y a nuls instrumens, qui precisement les peuuẽt monstrer, que ceste nostre nouuelle demy sphere. Car combien que vous auez l'anneau Astronomique, ou vn Horologe Equinoctial vniuersel, ou aucun des instrumens semblables, necessairement deuez tousiours sauoir l'eleuation du Pole du lieu ou vous estes, quand vous

voulés

voulés vſer leſdits inſtrumens ou horloges. Mais celuy qui eſt ſur mer change continuellement de hauteur du Pole, ſi ce n'eſt qu'il nauigue droict Eſt ou Ouëſt. Par ainſi eſt manifeſte, que tous inſtrumens ſont ſur mer à ce inutiles, reſerué noſtre demy-ſphere: par laquelle pouez (comme deſſus eſt dict) trouuer les heures du iour, ſans ſauoir l'eleuation du Pole.

Et quant à la demonſtration, ou preuue de cecy, nous ne l'entendons pas ſeulement demonſtrer par experience, mais auſsi par raiſons & comtes Aſtronomiques. Car c'eſt vne reigle bien ſeure à tous Aſtronomiens, quand l'Azimuth, l'Almicantarath, & la declinaiſon du Soleil ſont connus, que l'heure du iour, & la hauteur du Pole du meſme lieu, ſans doute ſeront connues: comme auſsi l'auons enſeigné à comter par l'ayde des tables de Sinus, aux cent queſtions de Valentin Menher. Parquoy le diligent Pilote iugera, meſmes par iournel exercice, de combien ceſt inſtrument, en ce poinct ſurpaſſe tous autres.

Or à cauſe qu'il ſemble à pluſieurs, qui n'ont encores gouſté par experience comment nous pouons iournellement par l'ayde de ceſt Hemiſphere nautique, trouuer l'heure du iour, & la haulteur du Pole, en quelque lieu du monde que nous ſommes: Si auons voulu amplifier ce preſent Chapitre de quelque exemple conuenable, calculé ſelon les ſupputations Aſtronomiques, qui ſe font par les tables de Sinus, affin de demonſtrer, par ce moyen, l'entiere perfection du preſent inſtrument. Qu'ils entendent doncques, qu'en l'vſage dudict Hemiſphere, lon ne tend à autre but, qu'à prendre en premier lieu, le plus iuſte que ſera poſsible, l'Azimuth du Soleil, c'eſt à dire, l'arc de l'Horizon, comprins entre le Meridien & le cercle vertical, passant le centre du Soleil. Ce faict, qu'on prenne aussi quand & quand, la hauteur du Soleil dessus l'Horizon, laquelle se comptera au susdict cercle vertical. Et ayant la cognoissance de ces deux points, ensemble de la declinaison du Soleil (laquelle se trouuera bien facilement par l'ayde de nostre Astrolabe maronnier) lon pourra incontinẽt trouuer audict Hemisphere, l'eleuation du Pole, & l'heure du iour, soit deuant ou apres midy, tout ainsi comme en ce present Chapitre auons assez amplement enseigné. Mais pour verifier tout cecy, par les supputations Astronomiques, lesquelles, comme dict est, se font par les tables de Sinus, nous prendrons par exemple que quelqu'vn estant à l'horizon Septentrional, aura faict vne de ces obseruations à l'onziéme de May dernierement passé, le Soleil estant au commencement des Gemeaus: La declinaison du Soleil estoit doncques Septentrionale à 20. degrez & 10. minutes. Et par l'ayde dudict instrument trouua l'Azimuth du Soleil 48$\frac{1}{3}$. degrez du Sud vers l'Oëst, dont apert que le midy estoit desia passé, & la hauteur du Soleil dessus l'Horizon fut 51. degrez. Par tout le susdict, il trouua audict instrument qu'il estoit à l'eleuation du Pole de 51$\frac{1}{4}$. degrez, & que c'estoit à deux heures apres midy. Et pour confirmer cecy par les calculatiõs Astronomiques, qui se font par le moyen des tables susdites, qu'on nomme, les tables de Sinus, nous l'approuuerons en ceste sorte:

Soit le cercle Meridien *AIB*. l'horizon *ACB*. auquel est *A*. le point de Sud, *B*. de Nort, & *C*. celuy de l'Oëst, le Zenith ou poinct du coupeau soit *I*. le cercle Equinoctial *CG*. & le parallele du Soleil passe par *H*. de sorte que l'arc

GH. est

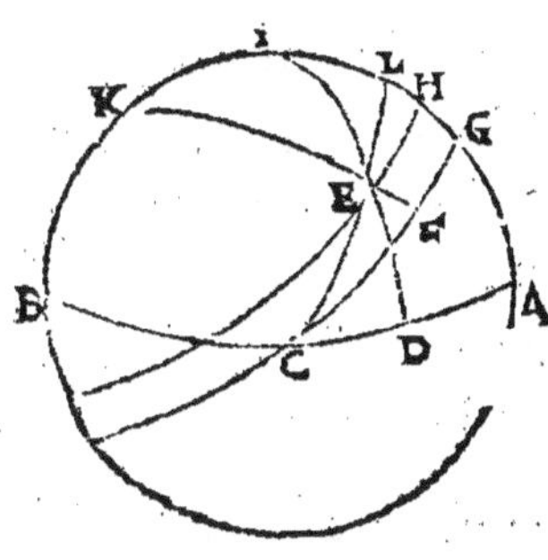

G H. eſt 20. degrez & 10. m. ſelon la declinaiſon du Soleil, & ſoit le Soleil en *E.* ayant paſſé le point du midy *H.* le cercle vertical ſera dõcques *I E D.* monſtrant à l'horizon l'arc *A D.* qui eſt l'Azimuth du Soleil à 48. degrez & $\frac{1}{3}$. ou 20. minut. & la haulteur du Soleil au deſſus de l'Horizon eſt au predict cercle vertical *D E.* à 51. degrez, du Pole Septentrional *K.* ſoit tiré le cercle Horaire *K E F.* qui monſtre en l'Equinoctial l'Arc horaire *F G.* La demande eſt doncques de cercher la haulteur du Pole qui eſt *B K.* & l'arc des heures *F G.* qui monſtrera combien de temps le Soleil eſtoit deſia paſſé outre le midy.

Or pour cognoiſtre tout cecy, comme dict eſt, par l'ayde des tables de Sinus, cerchez premierement l'Arc horaire *F G.* en ceſte ſorte, dites au triangle *K I E.* eſt l'angle *I.* 48. degrez & 20. minutes ſelon l'Azimuth du Soleil, l'Arc *K E.* eſt le complement de la declinaiſon du Soleil, aſſauoir 69. degrez & 50. minutes, & l'arc *I E.* complement de la hauteur du Soleil deſſus l'horizon, eſt 39. degrez.

Entendez doncques que le Sinus de l'arc *K.E.* ſe tient au Sinus de l'angle *I.* tout ainſi que le Sinus de l'arc *IE.* ſe tient au Sinus de l'angle *G K F.* or d'autant que de ces quatre nombres proportionaux, les trois ſont cognus, il eſt certain, par la 16. du 6. d'Euclide que le 4. nõbre ſera trouué.

K E	I	I E
69.50.	48.20.	39.
93869.	74702.	62932.

 Et

Et prouient pour le 4. nombre 50082. dont l'arc faict 30. degrez & 3. minutes pour l'angle *K.* ou l'arc horaire *FG.* qui demonstre que bien peu apres les deux heures apres midy ceste obseruation fut faicte.

Mais pour trouuer la haulteur du Pole *K.* dessus l'Horizon, il te faut premierement tirer le quart d'vn cercle *CEL.* par le moyen duquel trouuerez l'arc *EL.* comme s'ensuit.

Sachez que le Sinus entier qui est de *KF.* se tient au Sinus de l'arc horaire *FG.* tout ainsi que le Sinus de l'arc *KE.* se tient au Sinus de l'arc *EL.* mais de ces 4. nombres proportionaux, en sont desia les 3. premiers cognus, partāt, par la proposition susdicte, ne pourra le 4. estre incognu.

KF	FG	KE
90.	30.3.	69.50.
100000.	50082.	93869.

Pour le 4. nombre prouiennent doncques 47011. dont l'arc faict 28. degrez & 3. minutes pour *EL.* l'arc *CE.* sera partant 61. degrez & 57. minutes.

Cerchez maintenant l'arc *AL.* & pour le trouuer, direz, que le Sinus de l'arc *CE.* se tient au Sinus de l'arc *ED.* tout ainsi que le sinus de l'arc *CL.* se tient au Sinus dudict arc *AL.* & à cause que de ces 4. nombres proportionnaux, les 3. premiers sont donnés, le 4. sera par consequēt trouué:

CE	ED	CL
61.57.	51.	90.
88253.	77714.	100000.

Lequel 4. nombre trouuerés 88058. dont l'arc faict 61. degrez & 43. minut. pour *AL.* lequel faut garder iusques à

tant

tant que l'arc *G L.* sera cognu, lequel se trouuera ainsi, en disant: Le Sinus de l'arc *C E.* se tient au Sinus de l'arç *E F.* comme le Sinus entier, qui est du quart de cercle *C L.* au Sinus de l'arc *G L.* mais d'autant que derechef des 4. nombres proportionaux, les 3. en sont desia cognus, il est manifeste que le 4. ne peult estre incognu.

C E	E F	C L
61.57.	20.10.	90.
88253.	34475.	100000.

Et pour le susdict 4. nombre prouiennent 39063. dont l'arc fait 23. degrez, pour *G L.* Mais si vous leuez ledict arc *G L.* qui est 23. degrez du precedent arc *A L.* lequel faict 61. degrez & 43. minutes, il en resteront 38. degrez & 43. minutes pour la haulteur de l'Equinoctial dudict lieu dessus l'horizon. Et à cause que la hauteur de l'Equinoctial faict tousiours auec celle du Pole, ensemble 90. degrez, vous deuez oster ces 38. degrez & 43. minutes de 90. degrez, & il en resteront 51. degrez & 17. min. pour la susdicte hauteur du Pole, lequel n'est que 2. min. plus que 51 $\frac{1}{4}$. degrez, comme nous auons cy dessus trouué par nostre Hemisphere. Lequel exemple suffira pour le present à demõstrer la perfectiõ d'iceluy Hemisphere, remettant la reste à l'experience qui est seule maistresse de toute Science.

Pour trouuer de nuict, la hauteur du Pole.

Chap. XI.

POur sçauoir de nuict la hauteur du Pole, il nous faut auoir l'Arbaleste des Pilotes flamens, appellé *Graetboge*, & des Espaignols *Balestilla.* On prendra doncques par l'Arbaleste la hauteur de l'estoille du Nort dessus l'Orizon, par ce que le Pole est vn poinct au ciel inuisible: & par la hauteur de laditte estoille, on peut facillement trouuer la hauteur du Pole, comme icy sera declaré. Mais premierement doit on sçauoir, que ceste estoille du Nort, tousiours decline, pour ce temps present $3\frac{1}{2}$. degrez du Pole, & faict son circuit (comme tous les autres estoilles fixes) vne fois en 24. heures, duquel le demy diametre est $3\frac{1}{2}$. degrés. Or pour sauoir quand l'estoille du Nort est droitemẽt dessus ou dessous le Pole, on doit auoir esgard aux deux dernieres estoilles de la petite Ourse, appellées des mariniers les gardes. Car quand les gardes sont Sudoëst de l'estoille du Nort, laditte estoille du Nort est iustement au Meridien, à $3\frac{1}{2}$. degrés plus haut que le Pole. Et au contraire quand les gardes sont Nortest, l'estoille du Nort est autrefois au Meridien, à $3\frac{1}{2}$. degrez plus bas que le Pole: & aux autres Rumbs est ce à l'aduenant, comme nous auons obserué, selon la commune vsance des mariniers, aux 8. Rumbs principaux.

Si les gardes sont		l'estoille du Nort est		
	Oëst		$1\frac{3}{4}$	*Degrez plus haut que le Pole, parquoy soustraiés,*
	Sudoëst		$3\frac{1}{2}$	
	Sud		3 —	
	Sudest		1 —	
	Est		$1\frac{3}{4}$	*Degrez plus bas que le Pole, parquoy adioustés.*
	Nortest		$3\frac{1}{2}$	
	Nort		3 —	
	Nortoëst		1 —	

Parquoy quand vous aurés prins de nuict par l'Arbaleste la hauteur de l'estoille du Nort dessus l'Orizon, obserués incontinent en quel endroit ou Rumb sont les gardes, & trouuerés

trouuerés par les reigles susdittes, que l'estoille du Nort sera tousiours plus haut que le Pole, si les gardes sont aux quatre Rumbs superieurs: mais si icelles sont aux autres quatre inferieurs, laditte estoille sera tousiours plus bas que le Pole. Or si l'estoille est dessus le Pole: Ostez de la hauteur de l'estoille autant que le Rumb des gardes vous enseigne, & ce qui en restera, sera la vraye hauteur du Pole du lieu ou vous serez: mais si l'estoille du Nort est dessous le Pole, il fault adiouster, & tout ensemble sera la hauteur du Pole.

Or puis que ie suis venu à l'vsage de l'estoille du Nort, il me semble vtile, que ie declare plus amplement ce qu'en depend, à sçauoir, que laditte estoille (laquelle pour le present fait sa revolution quotidienne à $3\frac{1}{2}$. degrez du Pole) a autrefois esté plus distante dudict Pole, & qu'elle sera en certains ans à venir plus prés du Pole. Car selon les tables d'Astronomie, ceste estoille estoit au temps de la natiuité de nostre Seigneur, 12. degrez 36. minutes du Pole Arctique, & s'est continuellement approchée dudict Pole, de sorte qu'on la trouue maintenant distante du Pole seulement que $3\frac{1}{2}$. degrez, & approchera continuellement peu à peu cedict Pole, tellement qu'en 700. ans (si le monde ce pendant ne finie) elle ne sera pas vn demy degré, à sçauoir, que 26. minutes, declinant du Pole: qui sera le plus prés qu'elle pourroit approcher le Pole: car de là en auant, elle commencera à s'esloigner dudict Pole, comme par le propre cours des estoilles fixes peut estre demonstré.

Enuirō l'an de nostre Seigñr 2280. l'estoille du Nort ne declinera pas $\frac{1}{2}$ degré du Pole.

Or pour retourner à nostre propos, à sauoir, de trouuer par nuict la hauteur du Pole, par l'Arbaleste, & le cours de l'estoille du Nort, il nous semble bien necessaire, de plus amplement

amplement declarer ces deux points: parquoy commencerons au chapitre enſuiuant, à la fabrique & l'vſage de l'Arbaleſte, affin qu'on comprenne mieux le reſte de tout ce qu'on declarera cy apres.

La Fabrique de l'Arbaleſte. Chap. XII.

Combien que Pierre Appian, en ſa Coſmographie, Martin Cortez en ſon liure de l'art de nauiguer, & pluſieurs autres ont deſcrit la fabrique de l'Arbaleſte, toutesfois icelle n'eſt aſſez parfaicte, pour ſatisfaire en tout le diligẽt Pilote, veu qu'elle n'eſt tãt generale & copieuſe, cõme la neceſsité aucunefois en requiert. Parquoy ſera la fabrique de l'Arbaleſte telle que s'enſuit, tout ainſi que tous Pilotes expers ſe ſeruent maintenant d'icelle.

Premierement faictes preparer de quelque bois ſolide, vn baſton biẽ droict & quarré, eſpez quaſi vn demy poulce, & long enuiron trois pieds, ou trois pieds & demy. Car ce que Appian, & autres veullent faire par l'immaniable longueur de 6. ou 7. pieds, nous le ferons par vne autre voye plus commodieuſe, à ſçauoir, que nous aurons au lieu d'vn tranſuerſaire ou croix, trois croix ou curſeurs diuers. Dont le plus grand ſera, pour tenir bonne proportion, iuſtement de 12. poulces, le ſecond de 6. poulces, & le tiers de poulce & demy: mais la largeur de chacun ſera de poulce & demy, de ſorte que le plus petit ſera iuſtement quarré.

Ces curſeurs doiuent au vray milieu auoir le trou bien quarré, affin qu'on les puiſſe mener & ramener au long du baſton en eſquerre. Quand le baſton & les trois curſeurs ſont

ſont preparez, les trois coſtés du baſton ſeront departy par degrez comme s'enſuit, à ſçauoir, pour chacun curſeur, vn coſté. Tirés ſur vne table polie à la longueur du baſton la ligne droicte *A. B.* & reſerués *A.* pour le bas du baſton. De ceſt *A.* comme du centre, deſcriués vn demy quadrat, ou huitiéme du cercle, *B. C.* lequel departirés en 90. parties egalles Or affin que chacun des trois coſtés (comme deſſus eſt dict) ſoit marqué de ſes degrez accordans à ſon curſeur, vous marquerés ſur le premier coſté les degrez, pour le plus grand curſeur, de 90. iuſques à 30. au ſecond coſté de 30. iuſques à 10. pour le moyen curſeur: au tiers ſeront les degrez depuis 10. iuſques à 2. pour le moindre curſeur. Or pour marquer chacun coſté de ſes degrez conuenables, tirés en la ſuſditte figure vne autre ligne droite *A. D.* à droict angle auec la ligne *A. B.* faiſant la ligne *A. D.* iuſtement autant que la moitié du plus grand curſeur, & tirés de *D.* vne ligne *D E.* parallele ou equidiſtante auec la ligne *A B.* Cela faict, tirés du centre *A.* lignes obſcures & droites, iuſques aux nombres du demy quadrant *B C.* ces lignes entrecouperont la ligne *D E.* en certaines parties inegales ou degrez, leſquels l'on marquera en la meſme ſorte ſur le premier coſté du baſton, où *L.* mõſtre le lieu des 90. degrez, eſtant la partie *D L.* la iuſte moitié du plus grand curſeur: car le poinct *D.* ſignifie la partie inferieure du baſton, qu'on doit tenir à l'œil, en l'vſant.

Pour marquer le ſecond coſté du baſton, prenez la iuſte moitié du curſeur moyen, & poſés ceſte diſtance de *A.* en *F.* Puis tirés de *F.* la ligne *F G.* pareillement parallele ou equidiſtante auec la ligne *A B.* Cela faict, tirés comme deuant du centre *A.* par la ligne *F G.* lignes obſcures, iuſques au demy quadrant, commençant de 30. descendant iusques à 10. degrez:& quand ceste ligne F G. est ainsi repartie en degrez & parties inegalles, marqués aussi les mesmes degrez au second costé du baston, ou F. signifie le bas, qu'on doit tenir à l'œil. Pour le dernier, prenés pour le tiers costé du baston, la iuste moitié du moindre curseur, & mettez la mesme distance de A. en H. & tirés comme deuant, de H. la ligne H I. equidistante auec la ligne A B. Puis tirés autrefois du centre A. iusques aux degrez du demy quadrant, lignes obscures & droites; entrecoupantes la ligne H. I. de 10. degrez, iusques à 1. ou 2. Ceste repartition des lignes, posés comme dessus, au tiers costé du baston, lesquels te rendront l'Arbaleste parfaict.

La preuue est, que regardez si les degrez sont à chacun costé iustement marquez. Parquoy considerés au premier costé, si le nombre de 90. degrez est iustement distant du bas de l'Arbaleste, à sauoir, ou on tiendra l'œil, tant qu'est la moitié du plus grand curseur. Pour le second costé, regardés que les 30. degrez ne soyent distans du bout d'embas, q̃ de la iuste moitié de la distãce des 30. degrez du premier costé. Pour le tiers, regardés que les 10. degrez ne soyent distans du bout d'embas, que le iuste quart de la distance des 10. degrez au premier costé: si le trouués ainsi, vostre Arbaleste sera bonne.

Et tout ainsi que nous disons de ce 30. & 10. degré, faut entendre, que generalement tous les degrez du premier costé de l'Arbaleste, seront deuxfois autant distants du bout du baston A. que ceux du second costé, & semblablement ceux du 2. costé deuxfois autant que ceux du tiers costé. Dont ensuit aussi qu'vn chacun degré, mis

au

au premier costé, aura quatrefois autant de distance depuis ledict bout *A.* que ceux du tiers costé. Car à cause que les longueurs de chasque curseur, sont en proportion double l'vn à l'autre, il est certain que semblablement tous les espaces de chacun degré, seront en la mesme proportion double l'vn enuers l'autre par la 4. prop. du 6. d'Euclide.

Ensuit la figure de la Fabrique de l'Arbaleste.

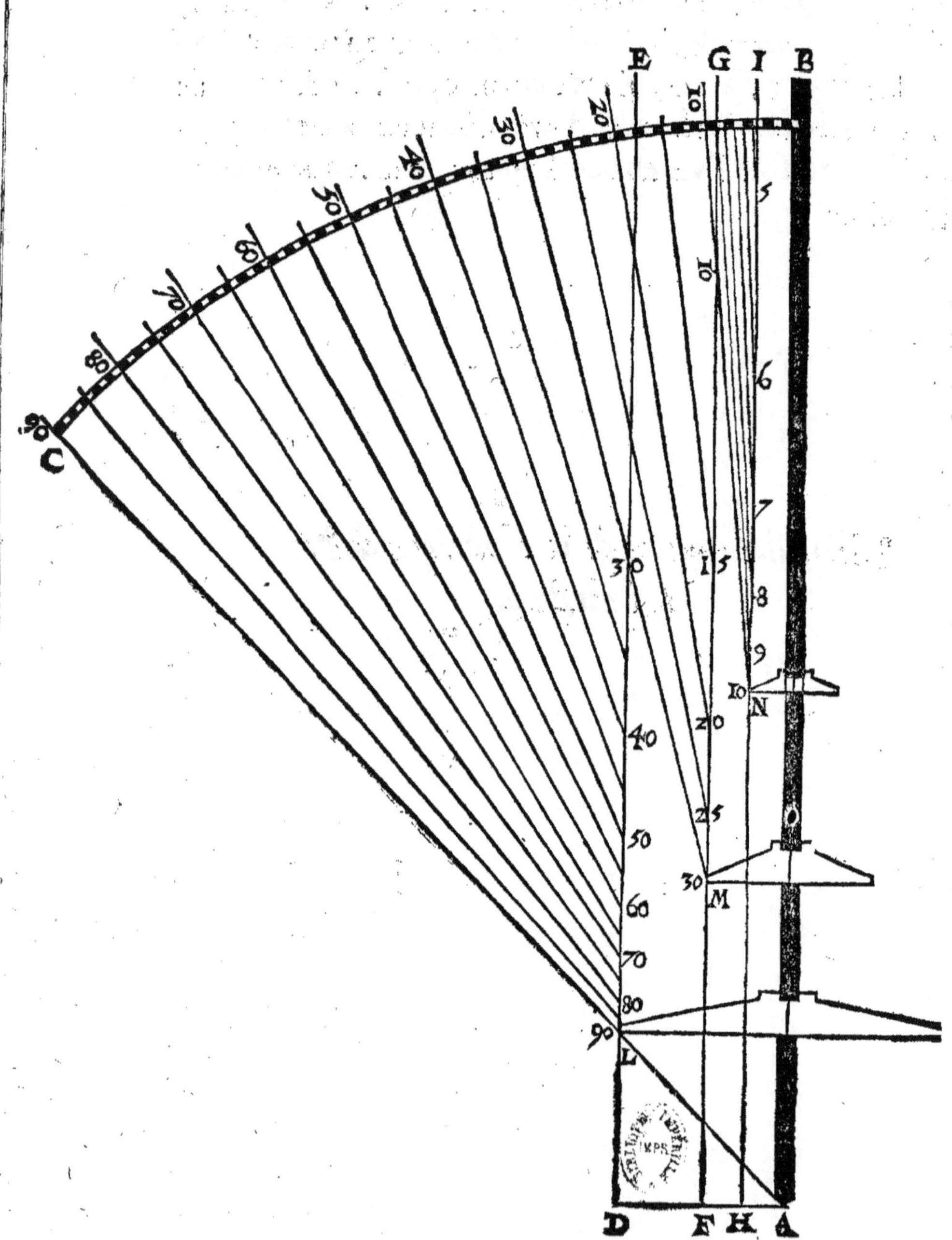
E G I B
10
20
30
40
50
60
70
80
90
C
5
10
6
7
30
I 5
8
9
10
N
20
40
25
50
30
M
60
70
80
90
L
D F H A

De l'vsage de l'Arbaleste. Chap. XIII.

QVand l'Arbaleste auec les trois curseurs est ainsi fabriqué, lon s'en seruira comme s'ensuit. Premierement quand vous voudrez sauoir la vraye hauteur de quelque estoille dessus l'Orizon, considerés si la hauteur de cest' estoille passera les 30. degrez, car lors vserez le premier costé auecque le plus grand curseur. Si la hauteur est moindre de 30. degrés, mais surpassant les 10. degrez, vous mettrez en œuure le second costé & le moyẽ curseur. Mais si la hauteur est de 10. degrés, ou moindre, vous vserez le tiers costé & le moindre curseur. Quand tout cecy est premierement bien consideré, posés le bout d'ẽbas sur l'os dessous la prunelle de l'œil, & haucés ou abbaissés le curseur, iusques à ce que voyés par le bort superieur du curseur, le milieu de l'estoille, & par le bord inferieur, dudict curseur, l'Orizõ visible, qui est ou vous voyés que l'eaue entrecoupe l'air: cela faict, tenés le curseur ferme, car il vous monstrera au baston sur le costé conuenable la vraye hauteur de l'estoille dessus l'Orizon, ce que vous cerchés.

L'Arbaleste est ausi aucunefois sur mer inutile: à sauoir, quand pour l'obscurité de l'air, on ne peut veoir l'Orizon. Et combien que Pierre de Medina veuille enseigner vn moyen, pour imaginer sur la nauire vn Orizon, si est il neantmoins pour l'enclinemẽt de la nauire, gueres ou peu souuent pratiquable. Parquoy quand telle incommodité vous suruient, aidés vous de l'Astrolabe vulgaire, auquel ferez par prouision, crener les deux tablettes ou pinnules, iustement au milieu, comme sont les crens de l'instrument de l'Arpenteur ou Geometre. Or quand il vous fault prendre de nuict (estant l'Orizon inuisible) la hauteur de quelque estoille, pendés l'Astrolabe au dessus de vostre œil, hauçant ou abbaissant la reigle mobile auec les pinnules, iusques à ce que voyez par les deux crens le milieu de l'estoille: & le bout superieur de laditte reigle vous enseignera au quart de l'Astrolabe, la vraye hauteur de laditte estoille, en nõbrant les degrez d'embas en ascendant, comme la raison le requiert.

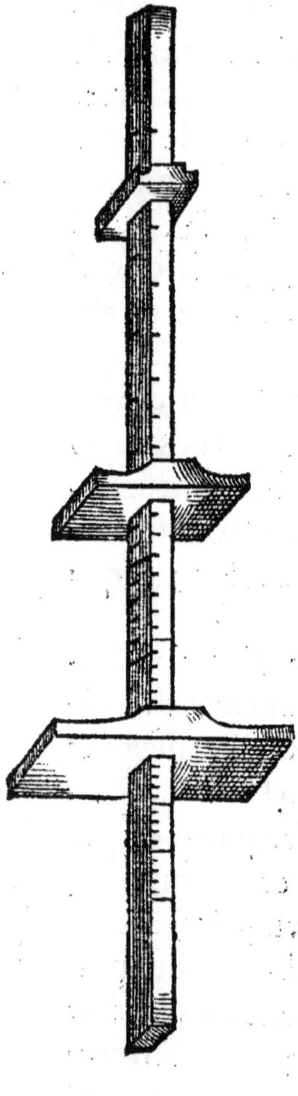

Pourtraict de l'Arbaleste.

VOicy le vray pourtraict de l'Arbaleste commune, tout ainsi qu'elle est maintenant en vsage aupres de tous Pilotes. Laquelle conuiẽt entierement auec la description du bastõ Astronomique de Ian Vernere, en sa paraphrase sur le premier Liure de geographie de Claude Ptolomée, & apres luy de Pierre Appian en son introduction geographique. Mais ceste Arbaleste n'est pas encores à paragõner au baston Astronomique de Gemma Frizon, lequel auec vn seul curseur qu'il nomme transuersaire, le rend, moyennãt quelques pinnacides, tant parfaict & accomply qu'il sert generalement à prendre toute hauteur, soit grande ou petite. Laquelle inuentiõ, poũons facilement ensuiure en nostre Arba-

Arbaleſte, en ceſte ſorte: entendez pour *A B.* le baſton de l'Arbaleſte long bien prés de quatre pieds, & *C D.* ſera le tranſverſaire de deux pieds de longueur, auec vn pertuis bien quarré au milieu, pour y bouter le baſton, ſelon la maniere commune des Arbaleſtes. Or ſi le poinct *E.* eſt le vray milieu du tranſverſaire, les deux brãches d'iceluy, qui ſont de *E.* en *C.* & de *E.* en *D.* ſeront egales, chacun d'vn pied entier de lõgueur. La haulteur de la brãche ſeneſtre du tranſverſaire feriez de trois doigts ou enuiron par deſſus le baſton, cõme la ligne *F G.* le demonſtre, car l'autre brãche qui eſt *E D.* n'aura que la moitié de ceſte hauteur, ſelon l'exigence de l'œuure, affin qu'ẽ ceſte branche, eſtant quadran-

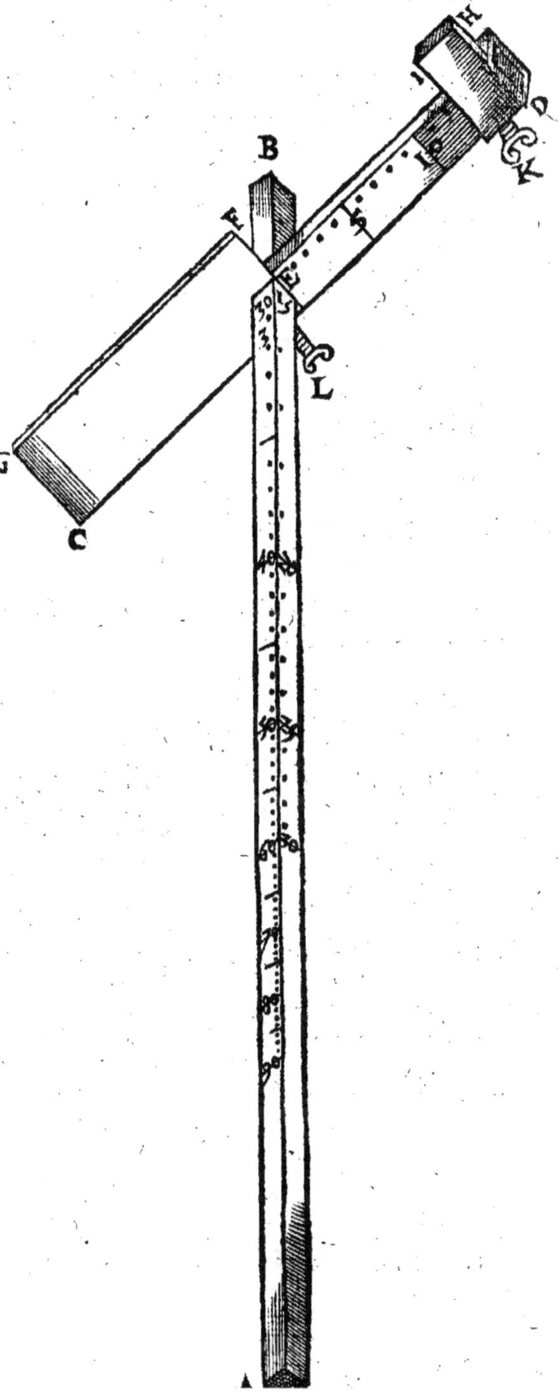

quadrangulaire & rectangulaire, pourra le curseur *HI.* estre mené & conduict de ça & de là, par le moyen de quelque tuyau quadrangulaire & conuenable au long de ladicte branche, & au dessoubs dudict curseur aura vne vis, pour l'arrester en la branche en quelque place que ce soit.

Mais pour comprendre mieux la proprieté de ceste Arbaleste, ensemble icelle de son transversaire & curseur, considerez que quand ledict curseur, sera, par la vis arresté au fin bout de la branche dextre, qui est *D.* qu'alors toute la longueur *CD.* se prendra pour le transversaire entier. Duquel on se seruira pour prendre toute haulteur, qui soit depuis 30. degrez, iusques à 90. tout ainsi que nous faisons du grand curseur de l'Arbaleste commune. Les degrez doncques, se marqueront au premier costé de ceste Arbaleste nouuelle, des les 30. iusques à 90. à la façon, comme nous auons enseigné au 12. Chapitre precedent, car ceste inscription des degrez est commune, à l'vne & à l'autre Arbaleste. Mais si vous voulez trouuer quelque haulteur, qui soit moindre que 30. degrez, & plus que 15. il fauldra prendre la veuë par les deux bouts de la branche senestre *GC.* & *EF.* en tirant ou repoussant le transversaire entier au long du baston *AB.* tant que vous voyez l'Orizon, & l'estoille, & ledict transversaire te monstrera au second costé le degré de la hauteur cerchée. Tous lesquels degrez mis audict second costé du baston, procedent de ceux qui sont au premier costé, selon la proportion double, car le 30. degré du premier costé, conuiendra auec les 15. du second, & semblablement le 60. du premier costé, auec le 30. du second, & ainsi des aultres qui viennent entredeux. Dont s'ensuit, que lesdits degrez du second costé

seront

ſeront bien facilement mis, ſi l'inſcription de ceux du premier coſté, eſt premierement faicte.

Or pour prendre les haulteurs qui ſeront depuis vn degré iuſques à 15. il vous fauldra premierement depaindre en la branche dextre du tranſverſaire leſdits degrez, ce que ſe fera en ceſte ſorte: Diuiſez ladicte branche *E D*. en 10000. parties egales s'il t'eſt poſsible, commençant dés le poinct *E*. iuſques en *D*. Puis apres beſoignerez ſelon l'inſtruction de ceſte table enſuiuante, en laquelle trouuerez, auec quelle partie, chacun degré & quart d'vn degré correſponde en ladicte branche, comme le premier quart d'vn degré conuiendra auec les 163. parties egales de la branche diuiſée en 10000. parties & ſemblablemẽt le $\frac{1}{2}$. degré, auec 325. parties, le $\frac{3}{4}$. d'vn degré auec 488. & le degré entier auec 651. deſdites parties, & ainſi des autres degrez & quarts d'vn degré iuſques à 15. lequel aura ſon lieu au fin bout de ladicte branche qui eſt en *D*.

Table des 15. degrez qui ſe marqueront en la branche dextre du tranſuerſaire.

Degrez		part.
0	1/4	163
0	1/2	325
0	3/4	488
1	0	651
1	1/4	814
1	1/2	977
1	3/4	1140
2	0	1303
2	1/4	1466
2	1/2	1629
2	3/4	1792
3	0	1955
3	1/4	2119
3	1/2	2282
3	3/4	2446
4	0	2609
4	1/4	2773
4	1/2	2937
4	3/4	3101
5	0	3265

Degrez		part.
5	1/4	3429
5	1/2	3593
5	3/4	3757
6	0	3922
6	1/4	4087
6	1/2	4252
6	3/4	4417
7	0	4582
7	1/4	4747
7	1/2	4913
7	3/4	5079
8	0	5245
8	1/4	5411
8	1/2	5577
8	3/4	5743
9	0	5910
9	1/4	6077
9	1/2	6244
9	3/4	6411
10	0	6579

Degrez		part.
10	1/4	6747
10	1/2	6916
10	3/4	7085
11	0	7254
11	1/4	7423
11	1/2	7592
11	3/4	7762
12	0	7932
12	1/4	8102
12	1/2	8272
12	3/4	8443
13	0	8614
13	1/4	8786
13	1/2	8958
13	3/4	9131
14	0	9304
14	1/4	9477
14	1/2	9651
14	3/4	9825
15	0	10000

Quant à l'vſage de ceſte Arbaleſte nouuelle, il eſt facil à comprendre par le diſcours precedent, car, comme dict eſt, quand le curſeur *H I.* eſt arreſté, par la vis, au bout de la branche dextre, *D.* il vous rendra vn tranſverſaire entier *GCHD.* Duquel l'vſage vient ſur les degrez du premier coſté du baſton, qui ſont de 30. iuſques à 90. Semblablement la branche ſeneſtre, ou demy tranſverſaire *CG. EF.* ſe met en vſage, au long des degrez du ſecond coſté, pour prendre

prendre toute haulteur moindre que 30. degrez, & surpassant les 15. le tout comme desia auons enseigné cy dessus.

Mais s'il y a à prendre quelque haulteur d'vne estoille dessus l'Orizon, qui soit depuis vn degré, iusques à 15. arrestez premierement le transversaire, par le moyen de sa vis *L.* sur le 30. degré du premier costé, du baston, lequel viendra aussi sur le 15. degré du second costé. Ce faict, tiendrez le bout du baston *A.* à ton œil, dressant ta veuë vers l'Orizon au long de la ligne moyenne du transversaire, *B F.* puis tirerez & repousserez le curseur *HI.* en la branche dextre, tant que pouëz aussi veoir le centre de l'estoille, au long de l'vn des deux costés dudict curseur, lequel te monstrera en ladicte branche, depuis *E.* vers *D.* la haulteur de l'estoille.

Vous trouuerez aussi qu'auiourd'huy plusieurs prennent la haulteur du Soleil dessus l'Orizon, tout ainsi comme nous auons dict cy dessus d'vne estoille, mais affin que les raiõs du Soleil n'esblouissent leurs yeulx, ils ont quelque verre espes, & coulouré, qu'ils enchassent en vne petite fenestre de bois quarrée, de quatre bons doigts de haulteur, laquelle ils attachent au baston pres du bout *A.* de façon qu'elle vienne iustement entre l'œil, & le costé superieur du transversaire, ou du curseur, qu'on tient vers le Soleil. Et par ainsi peuuent ils dresser leur veuë vers le centre du Soleil, lequel par l'interposition du susdict verre colouré, ne peult frapper aux yeux. Et par ce moyen, peult on prendre la haulteur du Soleil, tout ainsi comme lon faict de celle d'vne simple estoille.

Vn instrument nouueau pour obseruer le cours de l'estoille du Nort & ses gardes. Chap. XIIII.

PVis que la reigle, cy deuant mise au Chap. 11. d'oster ou adiouster à la hauteur de l'estoille du Nort, n'est pas generale, & qu'elle ne peut estre mise en œuure, sinon quand les gardes sont en aucun des huit Rumbs principaux: Nous auons en ce chapitre ordonné vn instrument nouueau, pour trouuer generalement à toute heure de nuict, combien l'estoille du Nort est dessus ou dessous le Pole: lequel nous appellons pour la mesme raison, *Rectificatorium stellæ Polaris.* Or pour ce que ledict monter ou descendre de l'estoille du Nort, est obserué par le mouuement des gardes, par lequel lesdits gardes châque 24. heures font leur circuit à l'entour du Pole, & que aussi les heures de nuict se treuuent par vn instrument appellé *Nocturlabium* descrit par Sebastien Munstere, & plusieurs autres: A ceste cause me semble bien idoine, de ces deux instrumens d'en faire vn. Or pour le faire le plus commodement, nous poserons pour le premier le *Rectificatorium* de l'estoille du Nort, sur le susdict instrument, en la maniere ensuiuãte: Fabriqués vne table de cuiure, ou de bois solide, large enuiron paulme & demy, ayant au dessous vne manche ou poignée cõme la figure ensuiuante demõstre. Sur ceste table tirés deux Diametres en croix, marquant le Sud dessous & Nort dessus, à la main droite Est, & à la gauche Oëst, les autres Rumbs poués vous descrire à l'aduenant, s'il vous semble bon. Cela faict, diuisés le quart superieur de l'instrument à la main gauche, à sçauoir depuis Nort iusques à Oëst en trois parties egalles, & comtés

les

les deux tiers descendant d'enhaut, & de la prédrez vostre commencement. Parquoy marqués vne + qui sera vn peu plus bas; à sauoir vn demy Rumb, que Nortoëst quart à l'Oëst: puis tirés du poinct de ceste croix vne ligne droite par le cẽtre du cercle, iusques à l'autre costé prés du Sudest, & faictes y semblablement vne croix, diuisant ainsi l'instrument en deux parties egalles. Tirés par le centre vne autre ligne Orthogonale à laditte, lesquelles deux lignes departiront le cercle entier en quatre parties egales. Cela faict, vous aurez vne reigle mobile qui tournera sur vn clou creux mis au cẽtre de l'instrument, affin que quand vous tiendrez l'instrument pendant embas par la manche & que voyez par le creux du centre l'estoille du Nort, vous pouez tourner la reigle, iusques à ce que voyez par le bord dextre de laditte reigle la premiere estoille des deux gardes, laquelle precede l'autre au mouuement, & est la plus claire des deux, aussi est elle vn peu plus prochaine du Pole que l'autre. Quand ainsi voyez ceste estoille, & que le bord dextre tombe sur la ligne marquée de +. prés du Nortoëst ou Sudest, il est certain que l'estoille du Nort est iustement eleuée dessus l'Orizon à la hauteur du Pole, de sorte que nulle addition ou soustraction y est necessaire. Mais si la reigle tombe iustement entre les deux croix, à sçauoir, prés du Sudoest, c'est signe que l'estoille du Nort a sa plus grande hauteur, à sauoir, $3\frac{1}{2}$. degrez dessus le Pole: & si la reigle est au contraire prés du Nortest, laditte estoille est au plus bas, à sauoir $3\frac{1}{2}$. degrez dessous le Pole. Par ainsi quand cest instrumẽt est diuisé par ses 4. points principaux, egalement en 4. quarts, à sçauoir les deux premiers prés du Nortoëst & Sudest, ou l'estoille du Nort & le Pole ont vne mesme hauteur: & aux deux autres, à sauoir, Sudoëst, ou l'estoille est en sa plus grande hauteur, & Nortest, en sa plus petite, vous departirez les autres points comme s'ensuit. Prenez le quart qui commence par la ✠ prés du Nortoëst, descendant vers Sudoëst, & le diuisez en 90. parties egales. Or si voulez sauoir commēt l'estoille du Nort monte ou descend de ¼. en ¼. de degré, iusques à 3½. degrez, qui est sa plus grãde declinaison du Pole, & le mettre sur l'instrument, vous vserez ceste table ensuiuante: en laquelle auez en premier lieu de ¼. en ¼. de degré, le monter & descendre de l'estoille du Nort, iusques à 3½. degrez: puis y auez à main droite les degrez & minutes, ainsi qu'ils accordent au quadrant de l'instrument, reparty en 90. parties egals.

De. ✱	D.	M.	De. ✱	D.	M.
¼	4.	6	2	34.	51
½	8.	13	2¼	40.	0
¾	12.	22	2½	45.	35
1	16.	36	2¾	51.	48
1¼	20.	55	3	59.	0
1½	25.	23	3¼	68.	13
1¾	30.	0	3½	90.	0

Diuisiō du Rectificatoire.

Suiuant doncques ceste table, comtez au quadrant 4. degrez 6. minutes, appliquez y la reigle & marqués sur l'instrument ¼. degré. Puis comtés iusques à 8. degrez 13. minutes, & marqués ½. degré: comtés iusques à 12. degrez 22. minutes, & notés ¾. passés iusques à 16. degrez 36. minutes, & mettez y 1. poursuiuez ainsi vostre comte selon le contenu de la table, iusques à la fin du quadrant, ou 90. degrez, ou vous mettrés 3½. degrez. Quand l'vn quart de l'instrument est ainsi reparty, faictes ainsi des autres trois, comme

se

ſe voit par la figure, & aurez ceſte rectification generale de l'eſtoille du Nort accomplie. Ce faict, tirés au meſme inſtrument ſous le cercle d'addition ou ſouſtraction, quatre ou cincq autres cercles, pour y ordonner les 12. mois auec leurs iours competens: mais prenés bien garde de mettre le 21. d'Octobre iuſtement ſur la ligne diametrale paſſant le milieu de la manche. Puis ferez vne autre table ou roüe mobile ronde, qui peut tourner au dedens du cercle des iours: laquelle diuiſés en 24. heures egales, auec vn petit dent du poinct alendroit de chacune heure, mais que celuy des 12. heures ſoit plus lõg que les autres, affin qu'il apparoiſſe mieux pour le mettre ſur le iour de l'an. Pour le dernier prenés la reigle, qu'auõs du cõmencemẽt ordonnée tournãt au rectificatoire, ſur le clou creuſé, & affichés la auec laditte roüe mobile des heures, & clou creuſé au centre de l'inſtrument, de telle maniere que laditte roüe mobile, & auſsi la reigle puiſſent chacune à part ſoy tourner ſur ledict clou. Et ainſi ſera faict ceſt inſtrument, dont la figure s'enſuit.

Fabrique du Noctur labe.

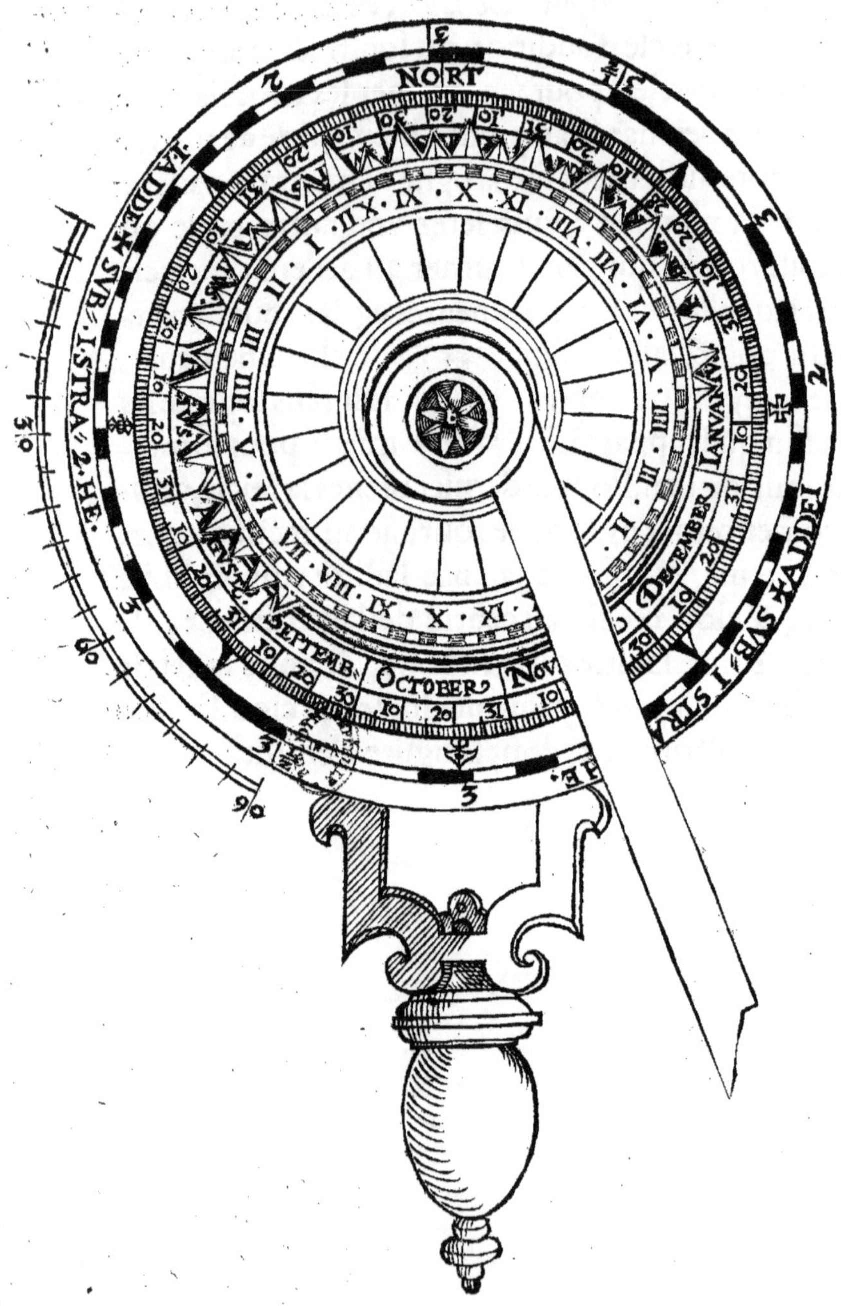
NORT
DECEMBER
SEPTEMB
OCTOBER
NOV

Quant à ce que nous ordonnons au Nocturlabe, que le 21. iour d'Octobre vienne iustement en bas, au milieu de la manche, ou Munster, Appian, & autres l'ordonnent le 28. dudit mois, est à noter, ce que tous ces gens doctes n'ont encore consideré, que si on pourroit veoir le Pole par le trou au centre de l'instrument, qu'adoncques deuroit le 28. d'Octobre estre ordonné en bas, pour ce que le Soleil est annuellement pour ce iour au mesme degré du Zodiac, auec la premiere estoille des gardes. Mais veu que nous vsons au lieu du Pole, qui est inuisible, l'estoille du Nort, cela nous cause vne varieté oculaire qu'on dict diuersité d'aspect de 7. degrez 18. minutes, à sçauoir que les gardes se monstrent plus tost ou plus tard, qu'icelles en sont à comter selon le Pole, ce qu'engendreroit vne faulte quasi de demy heure: pour à quoy obuier, on mettra en bas le 21. d'Octobre, & lors il viendra iuste. Le semblable se faict au Rectificatoire, auquel nous ordonnons les commencemens ou croix, quasi 7. degrez plus auant qu'on deuoit, à comter selon le Pole: affin que tous les points enseignent parfaictement.

Item pour mettre autrement sur l'instrument ces $3\frac{1}{2}$. degrez, du monter ou descendre de l'estoille du Nort enuers le Pole, & ce sans l'ayde de la susdite table. Il faut sçauoir que le Diametre marqué +, doibt estre premieremẽt descript, comme cy dessus a esté enseigné; lequel viendra enuiron le Nort oüest, & Sudest, demonstrant le lieu ou l'estoille aura egale hauteur auec le Pole. Ce faict, on tirera vn autre Diametre à droit angle auec le premier, & cestuy cy sera le diametre des extremités ou des $3\frac{1}{2}$. degrez que l'estoile susdite se peut éloigner du Pole. Cedict diametre se partira en 28. parties egales, & par chaque partie seront tirées lignes droictes & obscures, paralleles auec le diametre marqué ✠, & icelles lignes repartiront chacun quart de la circonference, de quart en quart d'vn degré, iusques à $3\frac{1}{2}$ degrez, qui font 14. quarts, tout ainsi que l'estoille est conduite plus haut ou plus bas que le Pole. Or la reste de la Fabrique se parfaira selon l'instruction cy dessus donnée.

Comment on trouue par cest instrument le monter & descendre de l'estoille du Nort, & l'heure de la nuict. Chap. XV.

POur cognoistre cecy, tournez premierement la roüe mobile des heures, tant que le dent des 12. heures vienne iustemēt sur le iour du mois: puis tenez vostre instrument bien droict la manche en bas, & regardant par le centre de l'instrument, l'estoille du Nort, puis mouuez la reigle deça & de là tant que voyez le long du bord dextre de laditte reigle, la premiere estoille des deux gardes. Cela faict, vous auez trouué deux choses: La premiere est, que la reigle vous demonstrera sur la roüe des heures, l'heure de la nuict: L'autre est, que la mesme reigle vous monstrera au bord extreme de l'instrument, de $\frac{1}{4}$. en $\frac{1}{4}$. degrez, combien l'estoille du Nort est dessus ou dessous le Pole. Car dés la ✠. pres du Nortoëst, descendant par la moitié inferieure de l'instrument, iusques à l'autre ✠. pres du Sudest, est l'estoille du Nort tousiours dessus le Pole: mais à l'autre moitié dudict instrument, est icelle tousiours dessous le Pole, comme l'escriture cure mesme de l'instrument demonstre. Parquoy quand vous sauez par l'Arbaleste ou autrement la hauteur de l'estoille du Nort, dessus l'Orizon, & par cest instrument cõbien elle est dessus ou dessous le Pole, vous sauez incontinent par la doctrine de l'onziéme chapitre precedent, cõbien que vous osterés ou adiousterés, pour auoir la hauteur du Pole, du lieu ou vous estes.

Item si voulez sçauoir à toute heure de nuict, ou du iour, ou les gardes sont, sans les veoir, & combien l'estoille du Nort decline du Pole, il n'y a autre chose à faire, que tenir ferme le dent des 12. heures, sur le iour du mois: & tournant la reigle sur telle heure que vous demandez, elle vous mõstrera incontinent au bord de l'instrument, en quel Rumb sont les gardes, & combien l'estoille du Nort est dessus ou dessous le Pole. Pierre Garcie en son liure de l'art de nauiguer, faict vn comte si long, seulement pour sauoir à chaque minuict, ou sont les gardes, qu'on se fasche de le lire, ce que par cest instrument si facillement se peut faire, & non seulement pour la minuict, mais (comme dessus est dict) à toute heure de la nuict & du iour.

Mais en cas qu'approchiez si pres de l'Equinoctial, que la hauteur du Pole seroit moins de 17. degrez: alors les gardes ne seront tousiours apparentes. Parquoy on aura besoin d'autre pratique pour trouuer les heures de nuict, ensemble le haulser ou l'abbaisser de l'estoille du Nort.

Pierre de Medina enseigne, au 8. chap. du 5. liure de l'art de nauiguer, ceste pratique, par vne des trois autres estoilles de la petite Ourse, neantmoins il s'abuse en ce, qu'il prend son obseruation comme du Pole, lequel est inuisible, parquoy deuõs obseruer l'estoille du Nort. Ce qu'entendrez en ceste maniere: Les estoilles de la petite Ourse sont sept, desquelles l'estoille du Nort est la premiere. La seconde est moindre, & est appellée dudit Medina, *la Sexte*, & va quasi vn Rumb, au respect de l'estoille du Nort, apres les gardes: à sauoir, si les gardes sont Oëst, ceste estoille sera Nortoest, & ainsi a l'aduenant. Parquoy quãd vous voyez en quel Rumb est ceste estoille, facillement pouez aussy cognoistre en quel Rumb sont les gardes. Mais par ce qu'elle ne vient que vn Rumb apres les gardes, elle ne peut tousiours satisfaire au besoin. Doncques pour auoir vne regle generale, sachez que l'estoille appellé *Caput Meduse*, est directement à l'opposite de la premiere des gardes: de sorte qu'elle est tousiours dessus l'Orizon, quand les gardes sont dessous. A ceste cause quand vous auez ordonné l'instrument, & que prenés l'heure par ceste estoille, regardés ou la reigle tombe, & tournés la iustement à l'opposite en la reculant 12. heures: & laditte reigle vous monstrera le Rumb ou sont les gardes. Semblablement vous enseignera en la roüe mobile des heures, l'heure de la nuict, & au bord de l'instrument, combien l'estoille du Nort est dessus ou dessous le Pole. Neantmoins veu que ceste estoille n'est de tous cognue, les Pilotes se pourront aider d'vne autre estoille, nommée *Hircus*, ou *Bouc*, laquelle est vne des plus belles & claires qui soit au firmament, & va quasi 9½. heures deuant les gardes, de sorte que quand la precedente des gardes est Est, vous trouuerez ceste estoille, prenant vostre obseruation de l'estoille du Nort, Nortoest: & quasi 45. degrez du Pole. Parquoy quand les gardes sont dessous l'Orizõ, & que cognoissés ceste estoille, ordonnés vostre instrument comme dessus, auec le dent

des

des 12. heures sur le iour du mois, & tenant l'instrument bien droict auec la manche en bas, regardés l'estoille du Nort par le centre, & ceste estoille Hircus le long du bord dextre de la reigle. Cela faict, regardez quelle heure vous monstre laditte reigle: comtés d'icelle en reculant $9\frac{1}{2}$. heures, & y mettés la reigle, elle vous monstrera le Rumb des gardes, & sur la roüe mobile des heures, l'heure de la nuict, aussy sur le bord de l'instrument, cõbien l'estoille du Nort est dessus ou dessous le Pole. Ceste pratique est generale, laquelle pouez par vostre industrie pratiquer, sur toutes autres estoilles à vous cognues.

Des estoilles qui sont aupres du Pole Antarctique. Chap. XVI.

QVant aux estoilles qui sont pres du Pole Antarctique, par lesquelles on pourroit trouuer la hauteur dudit Pole, il est certain que les anciẽs Astronomiens, à sçauoir Ptolomeus, Timocharis, Hiparchus, & autres n'ont descrit nulle autre grande estoille plus pres du Pole Antarctique, que celle qui est nommée *Canopus*: laquelle selon les tables de *Copernicus*, decline maintenant dudict Pole $38\frac{1}{4}$. degrez. Mais ceux qui nauiguent la mer de Sud trouuent autres estoilles, aux anciens inconnues, lesquelles de plus pres approchent ledict Pole. *Albericus Vespucius* escrit de trois estoilles qui ont leur mouuement à l'entour du Pole Antarctique, faisans ensemble vn triangle Rectangle, dont le milieu est $9\frac{2}{3}$. degrez du Pole Antarctique. Les mariniers qui maintenant nauiguent laditte mer, s'aydent de 4. autres estoilles grandes, lesquelles ils appellent pour la situation, le Croisé. La plus grande des 4. ils appellent le pied, celle qui est à l'opposite la teste, & les autres deux les bras. Or quand ces estoilles sont en croix ayant la teste droicte auec le pied, lors est l'estoille qui est le pied separée du Pole Antarctique 30. degrez au dessus du mesme Pole. Parquoy quand vous auez trouué la vraye hauteur de ceste estoille par dessus l'Orizon, par l'Arbaleste, on ostera 30. degrez, la reste vous monstrera la hauteur du Pole. Mais d'autant que Pierre de Medina pilote de sa Maiesté en a descrit de cecy toutes les reigles, ie me deporteray d'en parler plus amplement, attendant le temps qu'aucuns Pilotes, ou autres gens doctes, hantans la mer susdicte, nous donnent du tout plus ample cognoissance.

Combien des lieuës on comtera pour degré, selon le Rumb qu'on tient en nauiguant. Chap. XVII.

PVis que nous auons manifesté & decouuert au bon Pilote tous les secrets, de trouuer facillemét à toute heure de nuict la hauteur du Pole, ou la latitude de la region, en tout lieu du monde: par laquelle hauteur, ensemble le Rumb qu'il a tenu en nauiguant, il peut à toute heure ordonner son poinct en sa Carte marine, signifiant le lieu ou il est, de maniere qu'il pourra facillement cognoistre le chemin qu'il aura faict, & encore doibt faire en mer: lequel sachant, il sera necessaire qu'il sache combien des lieües il comtera pour le mesme voyage. A quoy faire, debuez premierement sauoir, que ceux qui

qui nauiguent iustement Nort ou Sud, demeurent tousiours dessous vn grand cercle du ciel, qu'on appelle Meridien. Or quand ils ont tant nauigué, que la hauteur du Pole est changé d'vn degré, lors ont ils faict $17\frac{1}{2}$. lieuës. Semblablement ceux qui nauiguent Est ou Oëst, demeurent tousiours sous vne mesme hauteur du Pole, c'est à dire sous vne parallele equidistāte du Pole, de maniere qu'ils ne trouuent aucun changement en la hauteur du Pole: & par ainsi ne sauent comter aucun chemin, que par vn autre moyen aux Pilotes incognu, lequel cy dessous sera par nous enseigné. Mais nauiguant Nort ou Sud, declinant vn Rumb à l'Est ou Oëst, iusques à tant que la hauteur du Pole sera, comme dessus, changé vn degré, lors sera ce chemin plus que $17\frac{1}{2}$. lieuës. Et s'ils nauiguent declinans deux Rumbs du Nort ou Sud, iusques à tant qu'ils trouuent, comme dessus, le Pole vn degré plus haut ou plus bas, le chemin sera lors beaucop plus long. Brief, tant plus ils declinent du Nort ou Sud, à l'Est ou Oëst: tant sera le chemin plus long, car, comme nous auons dict, quand ils nauiguent iustement Est ou Oëst, il n'y a nul changemēt de la hauteur du Pole. Mais pour mieux entendre, combiē de lieuës doiuent estre cōtées en chacun Rumb, pour degré: prenés qu'ē la figure suiuāte, *A.* soit la place ou point en la Carte, d'ou vous partirés, situé en la parallele *AB.*

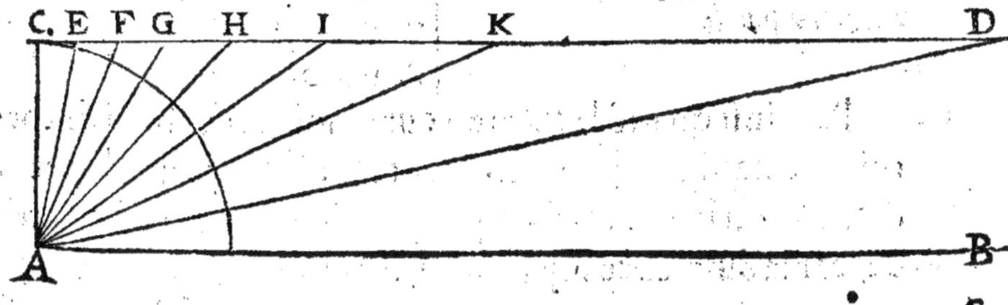

Soit

Soit aussi *C D.* vn autre parallele, de maniere que la distance entre *A. C.* soit vn degré de la hauteur du Pole. Or si nauigués de *A.* iustement à l'Est ou Oëst, vous demeurerez tousiours en la parallele *A E.* equidistant du Pole. Mais si nauiguez de *A.* iustement au Nort, tant que la hauteur du Pole est augmenté d'vn degré, vostre nauire sera en *C.* Item si vous nauiguez par le premier Rumb du Nort à l'Est, tãt que profités vn degré en la hauteur du Pole, vous viẽdrez de *A.* en *E.* lequel chemin sera par la doctrine d'Euclide, plus loing que de *A.* en *C.* Mais si nauiguez de *A.* iusques à la parallele de *C D.* par le secõd Rumb, vous viendrez en *F.* si par le tiers Rumb en *G.* & ainsi des autres. Car tant plus approcherez à l'Est, tant sera le chemin plus long, pour augmenter vn degré de la hauteur du Pole. Et ainsi que nous disons de ce quart du Nort à l'Est, entendrez aussy des autres trois quarts: à sçauoir, de Nort à Oëst, de Sud à Est, ou de Sud à Oëst. Mais combien de lieuës chacun degré donne selon le Rumb qu'on nauigue, cognoistrez par la table suiuante.

Nauiguant de Nort ou Sud, à Est ou Oëst, iusques à tant qu'on change vn degré de la hauteur du Pole, ledit degré donnera par le			
	1. Rumb	$17\frac{5}{6}$	*Lieuës.*
	2. Rumb	$18\frac{14}{15}$	
	3. Rumb	$21\frac{1}{20}$	
	4. Rumb	$24\frac{3}{4}$	
	5. Rumb	$31\frac{1}{2}$	
	6. Rumb	$45\frac{3}{4}$	
	7. Rumb	$89\frac{2}{3}$	

Par ainsi quand le Pilote veut sauoir, combien de chemin il a nauigué: premierement il doibt sauoir la hauteur du Pole, du lieu d'ou il est party, aussi du lieu ou il est arriué, car la difference luy mõstre, combiẽ la hauteur du Pole est

est changée. Apres il doibt regarder en la table precedente, combien des lieuës luy viennent pour degré, à sçauoir sous le Rumb qu'il a tenu en nauiguant. Car multipliant ce nombre des lieuës par le nombre des degrez de la difference du Pole, le produict luy monstrera cõbien de lieuës il a nauigué. Or maintenant doibt on considerer, que le changemẽt du vẽt, cause aucunefois que le chemin se faict plus court ou long. Parquoy vn Pilote qui est biẽ exercité au faict de la nauigatiõ, y doibt à la fois, oster ou adiouster quelque peu par coniecture, selon l'exigence de la chose.

Semblablement lon peut par la precedente figure facilement entendre, combien en nauigant on a changé en longitude: c'est à dire, combien des degrez & minutes on est separé en longitude du Meridien de la place d'ou on est party, soit à l'Est ou Oëst. Car qui de *A.* comme dessus est dict, nauigue iustement au Nort ou Sud, demeure tousiours dessous vn mesme Meridien. Mais qui nauigue par le premier Rumb à l'Est ou Oëst, tant qu'il change vn degré en la hauteur du Pole, & vient en *E.* est desia separé de son premier Meridien, autant que monte la distance entre *C.* & *E.* ce que nous trouuons estre $3\frac{1}{2}$. lieuës pour vn degré de latitude, qui monte à 12. minutes d'vn degré. Et ainsi des autres Rũbs, cõme appert par la table ensuiuante.

Nauiguant de Nort ou Sud, à Est, ou Oëst, tant qu'on a changé vn degré en la hauteur du Pole, on change aussi de Meridien, pour le				
	1. Rumb	$3\frac{1}{2}$	Lieuës, qui font	12. *minu.*
	2. Rumb	$7\frac{1}{4}$		25. *minu.*
	3. Rumb	$11\frac{2}{3}$		40. *minu.*
	4. Rumb	$17\frac{1}{2}$		1 *degré.*
	5. Rumb	$26\frac{1}{5}$		$1\frac{1}{2}$. *degré.*
	6. Rumb	$42\frac{1}{4}$		2. *de.* 25. *m*
	7. Rumb	88		5. *de.* 2. *m.*

Si quelqu'vn (par forme d'exemple) nauigue de Lisbone, Sudoest quart à l'Oest, qui est par le 5. Rumb de Sud à Oëst, & a tant nauigué, qu'il trouue la hauteur du Pole 18. degrez moins qu'à Lisbone: & veut sauoir combien de lieuës qu'il a nauigué, aussi combien le Meridien du lieu ou il est, est plus Occidental de celuy de Lisbone: (ce qui se peut facilemẽt sauoir par les deux tables precedentes) il prẽdra en la premiere table au 5. rũb les $31\frac{1}{2}$. lieuës, qui viẽnẽt pour chacũ degré: lesquelles multipliez par $18\frac{1}{2}$. le produict sera $582\frac{3}{4}$. lieuës, qu'il a nauigué. Puis en la seconde table au 5. rumb trouuera $1\frac{1}{2}$. degré: lequel multiplié par $18\frac{1}{2}$. prouiennent $27\frac{3}{4}$. degrez, que Lisbone est plus Oriental, que le lieu ou il est. Mais qui le voudroit sauoir bien precis, il luy faudroit chãger ces degrez selõ l'exigence des paralleles du ciel, ainsi que cela de plusieurs est enseigné.

Parquoy ie ne me puis contenir, de dire quelque mot de l'imperfection, que les lignes droictes causent és Cartes marines. Car nulle nauigation ne peut estre droicte, pour la rondeur du monde. Qui nauigue Nort ou Sud, demeure tousiours sous vn grand cercle du ciel, appellé Meridiẽ. Qui nauigue Est ou Oëst, demeure aussi tousiours sous vn cercle equidistant du Pole. Mais qui prend aucun des autres Rumbs, nauigue par voyes obliques & lignes spirales, qui ne sõt ny cercles, ny lignes droictes. Parquoy le dessusdit Medina en ce s'abuse, disant que toute nauigation est en rondeur du cercle, ce qui est faulx, reserué les 4. rumbs principaulx. Qui est aussi la cause, que ceux qui nauiguent par rumbs obliques, font plus grand chemin, qu'ils ne pensent auoir nauigué par les reigles susdittes, principalement quand le voyage est loing.

Sur

Sur la fin du 4. chapitre de ce liure, auons bien amplement discouru, de la proprieté des Rumbs, ensemble de ce qu'en depend: A sçauoir qu'iceux, au respect de la place, ou l'homme se tiendra ferme, sont cercles grands, qu'on dict Verticaux, menés du Zenith de ladicte place, iusques à l'Orizon : Mais les nauires poursuiuans en la mer leur voyage selon le cours de quelque Rumb qui n'est des 4. principaux, ne le feront en cercles grands, ains en lignes courbes & obliques, selon le continuel changement qu'il faict & de Zenith & d'Orizon: des quatres Rumbs principaux est celuy du Nort, & Sud le plus parfaict & droict, celuy de l'Est, ou Oëst est entierement rond, mais les autres qui viennent entredeux vont en lignes spirales, & sont partout obliques & imparfaicts. Car, comme dict est, si vn nauire prend la route selon le cours d'aucun de cesdits autres Rumbs, il est certain qu'iceluy s'approchera bien peu à peu de l'vn des Poles au long de sa ligne spirale, mais ne pourra oncques venir au dessoubs d'iceluy. Parquoy en est bien grandement abusé. M. Claude de Boissiere Dauphinois, quand il dict en son exposition sur la Mappemonde de Gemma Frizon, que tous les voyages, qui se font hors les 4. Rumbs principaux, finissent tous en l'vn des Poles du monde. Ce que nous auons tant de fois demonstré estre impossible. Car il n'y a homme, tant soit peu exercité en l'Astronomie, qui ne sçait, que lon ne peut venir au dessoubs des Poles, que par le Rumb du Nort, ou Sud, qu'on nomme le Meridien. Et que tous les aultres Rumbs le menent & guident tousiours, du Pole vers la main dextre ou senestre, selon le rumb qu'il ensuit.

Or pour retourner à nostre propos, qui est, que quand

on compte, comme dict est, $17\frac{1}{2}$. lieuës pour le chemin qu'on faict par le rumb de Nort ou Sud, pour changer vn degré de haulteur de Pole, & que cedict chemin, en se deuoyant du rumb de Nort ou Sud, vers le rumb de l'Est, ou Oëst, augmente peu à peu, de telle sorte qu'il deuient infini audict rumb de l'Est, ou Oëst, ie dy doncques que de cest argument ensuit ceste demande: Asçauoir si vn nauire se depart de l'Equinoctial, en delaissant le rumb de Nort & Sud, mais préd sa route par quelque aultre rumb, iusques à tant qu'il trouue la haulteur du Pole à vn degré, aussi que semblablement vn aultre nauire se depart de quelque haure, éloigné de l'Equinoctial, faisant voile par le mesme rumb, comme le premier, iusques à tant qu'il aura semblablement changé, la haulteur du Pole d'vn degré, assauoir si le chemin faict par l'vn & l'autre nauire sera egal, ou s'il est inegal, on demande lequel aura faict plus de chemin. Pour à quoy respondre, fault premierement sçauoir, que tous les autheurs, qui iusques à present ont escript de ceste matiere, comme sont Martin Cortez, Gemma Frizon, Pierre de Medina, auec son commentateur Nicolas de Nicolai, &c. n'ont faict aucune distinction en cecy, ains disent generalement que ceste regle de lieuës qu'on compte pour vn degré selon le rumb qu'on tient, peult estre vsée à toute haulteur du Pole que ce soit. Mais i'approuueray le contraire, car ie dy, que quand on prend esgard, à la proportion du cercle Equinoctial, & à ses paralleles, qui gueres ne distent du Pole, que lon trouuera certainement que lesdits paralleles par leur continuelle diminution causeront que tous les rumbs, qui au cercle de l'Equinoctial vont quasi en lignes droictes, deuiendront

uiendront entre ces paralleles tant obliques & courbes, que neceſſairement le chemin que le ſuſdict nauire faict entre les paralleles, ſera beaucoup plus grand que celuy qui nauigue du cercle Equinoctial. Mais quand à ce que ie dy, que les rumbs vont pres de l'Equinoctial en lignes droictes, il fault entendre que la table des lieuës cy deſſus miſe, eſt ſupputée par le moyen de lignes droictes, comme la figure & l'explication y donnée le demonſtre, laquelle table ſi nous la cerchons autrement pour le cercle Equinoctial par le moyen des tables de Sinus, il eſt certain que nous la trouuerons tout entierement ſemblable à la premiere, dõt s'enſuit que les rumbs pres dudict Equinoctial, vont ſi treſdroictes qu'entre iceux & lignes droictes n'eſt differẽce ſenſible. Or pour faire ces ſupputations, il faut ſçauoir que la grandeur de l'angle de chacun rumb, eſt touſiours 11$\frac{1}{4}$. degrez, car ſi le cercle de l'Orizon, lequel les Mathematiciens diuiſent en 360. degrez, eſt reparty par les maronniers & pilots modernes en 32. rumbs, il faut que chacun rumb comprendra 11$\frac{1}{4}$. degrez dudict horizon.

L'angle du premier rumb eſt doncques 11$\frac{1}{4}$. degrez, celuy du ſecond, 22$\frac{1}{2}$. degrez, du tiers 33$\frac{3}{4}$. degrez, du quatrieſme 45. degrez, du cincquieſme 56$\frac{1}{4}$. degrez, du ſixieſme 67$\frac{1}{2}$. degrez, du ſeptieſme 78$\frac{3}{4}$. degrez, & pour ſçauoir l'arc du voyage qu'vn nauire faict en chacun rumb, depuis le cercle Equinoctial, iuſques à la hauteur du Pole d'vn degré, il fault prendre le Sinus d'vn degré, qui eſt 1745. lequel multiplieras par le Sinus entier, & il prouiendra 174500000. ce produict s'il eſt party par le Sinus du complement de l'angle de chacun rumb, le quotient rendra le Sinus, dont l'arc te demonſtrera la grandeur du chemin par degrez & minutes, mais en prenant $17\frac{1}{2}$. lieuës pour degré, le chemin de chacun rumb, sera cognu pour le cercle Equinoctial.

Ensuit le compte susdict.

Diuisez 174500000. *par le Sinus du complement de l'angle du*

Rumb	Sinus	*Et vient*
1. Rumb	98078	1779
2. Rumb	92387	1888
3. Rumb	83146	2098
4. Rumb	70710	2467
5. Rumb	55557	3140
6. Rumb	38268	4559
7. Rumb	19509	8944

Dont l'arc fait, comme s'ensuit pour chacun rumb, lequel auons reduict en lieuës à raison de $17\frac{1}{2}$ lieuës pour vn degré.

Fait l'arc de la grandeur du chemin au

	qui font *lieuës*
1. Rumb, 1. degré, 1. m.	$17\frac{19}{24}$
2. Rumb, 1. degré, 5. m.	$18\frac{23}{24}$
3. Rumb, 1. degré, 12. m.	21—
4. Rumb, 1. degré, 25. m.	$24\frac{19}{24}$
5. Rumb, 1. degré, 48. m	$31\frac{1}{2}$
6. Rumb, 2. degré, 37. m.	$45\frac{19}{24}$
7. Rumb, 5. degré, 8. m.	$89\frac{5}{6}$

Voicy doncques que ce nombre des lieuës, supputées pour chacun rumb au cercle de l'Equinoctial, est par tout egal à ceux qu'auons mis cy dessus au commencement de ce chapitre, calculées par le moyen des lignes droictes. De sorte que tous ces rumbs, de l'Equinoctial, comme dit est, vont quasi en lignes droictes. Mais si quelqu'vn se trouue à l'eleuation du Pole de 50. 60. 70. degrez ou plus, il sera certain que la susdicte table ne luy seruira entierement, car ie dy qu'il trouuera que le chemin sera plus grand que

la

la table luy demonstre, & singulierement sur le 6. ou 7. rumb, & tant qu'il viendra plus pres du Pole, pour autant luy accroistra aussy ceste difference. Car cedict 6. ou 7. rumb, font leurs voyages spirales, entre ces paralleles (qui viennent si pres du Pole) tant obliques courbes que necessairement ils deuiennent peu à peu plus longs que ne font les autres rumbs, qui tiennent tousiours leurs cours plus droits, & par consequent ne font tant de difference d'auec la table, que ces deux autres. Mais pour comprendre mieux ceste variation, il nous semble bon de supputer autrefois par le moyen des tables de Sinus, ceste table des lieuës qu'on compte en chacun rumb pour vn degré, & ce pour le parallele de 60. degrez de haulteur de Pole, affin de voir par ce moyen la difference des lieuës que donne ce parallele au respect de celles de l'Equinoctial.

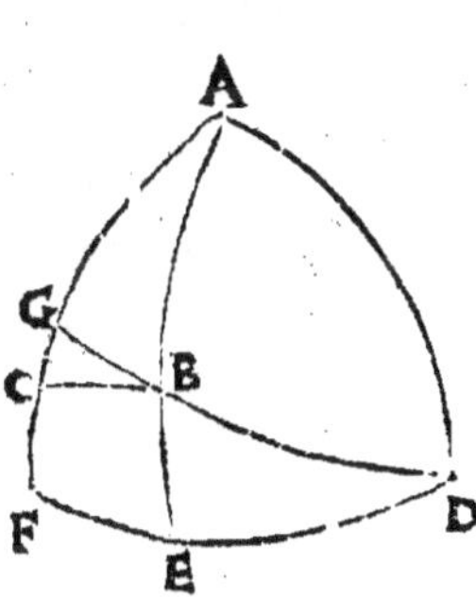

Soit doncques le poinct du coupeau *A.* le quart de l'Orizon *F. D.* le Pole Septentrional *B.* le quart du cercle Meridien *A B E.* monstrant sur l'Orizon le poinct du vray Nort en *E.* l'arc *B E.* est selon le parallele de 60. degrez, & son complement *A B.* est 30. degrez. Or posons le cas que le cercle vertical *A F.* soit celuy du 4. rumb du Nort vers l'Est, l'arc de l'Orizon *EF.* sera doncques 45. degrez. Et soit le nauire en *A.* à l'eleuation du Pole de 60. degrez nauigant cedict rumb de Nort Est, iusques à tant qu'iceluy soit venu en *C.* ou le Pole sera vn degré plus hault à sçauoir 61. degrez: La demande est, combien cest arc *AC.* sera? Mais deuant que nous pouōs respondre à cela,

faut

faut premierement tirer le quart de cercle *A D*.& du point *D*.soit descript vn autre quart d'vn cercle *DBG*. passant le Pole *B*. iusques à tant qu'il coupe le cercle vertical *A F*. en *G*.Et l'arc *BG*. sera le premier que nous cercherons, mais pour le faire dictes:

Le Sinus entier du quart du Meridien,se tient au Sinus de l'arc *EF*.tout ainsi que le Sinus de l'arc *AB*. au Sinus de l'arc *BG*. mais de ces quatre nõbres proportionnaux,sont les trois donnés, par l'argument de la demande, il s'ensuit doncques, que le 4.sera bien tost trouué, par la 19. du 7. d'Euclide.

A E	E F	A B
90.	45.	30.
100000.	70710.	50000?

Vient pour le 4.nombre ce Sinus 35355.dont l'arc fait 20.degrez 42.m.pour *BG*. & son complement est 69. degrez 18.m.pour *B D*. Duquel le Sinus se tient au Sinus de l'arc *BE*.tout ainsi que le Sinus entier au Sinus de l'arc *FG* & à cause que de ces 4. nombres proportionnaux les trois sont desia donnés,il s'ensuit que le 4. sera semblablement trouué.

B D	B E	D G
69.18.	60.	90.
93544.	86602.	100000?

Pour le 4.nombre prouient 92578. dont l'arc fait 67. degrez 47.m. pour *FG*.& son complement faict 22.degrez 13.m.pour *AG*. lequel te faut garder, tant que l'arc *CG*.soit trouué,lequel cercherez en ceste sorte: Dictes que le Sinus du du complement de l'arc *BG.* se tient au Sinus du complement de l'arc *BC.* tout ainsi que le Sinus entier au Sinus du complement de l'arc *CG.* Des 4. nombres proportionnaux, en sont derechef les 3. cognus, partãt le 4. sera trouué.

Comp. BG	Comp. BC	
69.18.	61.	90.
93544.	87461.	100000?

Vient pour le 4. nombre 93477. dont l'arc fait 69. degrez, 13. m. & son complement est 20. degrez 47. mi. pour l'arc *CG.* que nous cerchâmes.

Ostez maintenant cest arc *CG.* qui fait 20. degrez 47. m. de l'arc *AG.* qui faict 22. degrez 13. min. & il en restera 1. degré 26. m. pour l'arc de *A.* en *C.* que le nauire fera au 4. rumb, pendant qu'il nauigue depuis le parallele de 60. degrez de haulteur de Pole, iusques au parallele de 61. degrez c'est qu'il gaigne vn degré en la haulteur du Pole. Or si on compte $17\frac{1}{2}$ lieuës pour vn degré, il s'ensuit que cest arc *AC.* fera $25\frac{1}{12}$. lieuës, pour le chemin du 4. rumb au parallele de 60. degrez, & en la mesme sorte auons calculé la longueur du chemin de chacun rumb, pour le susdict parallele de 60. degrez de hauteur de Pole.

Ensuit la table du parallele de 60. degrez de hauteur du Pole, demonstrant combien de lieuës lon comptera en chacun Rumb pour vn degré qu'on change de haulteur de Pole.

	Du 1. Rumb, 1. degré 1. m.	*qui font*	$17\frac{19}{24}$
	Du 2. Rumb, 1. degré 5. m.	*lieuës à rai*	$18\frac{23}{24}$
	Du 3. Rumb, 1. degré 12. m.	*sõ de* $17\frac{1}{2}$.	21
Faict l'arc	Du 4. Rumb, 1. degré 26. m.	*lieuës pour*	$25\frac{1}{12}$
	Du 5. Rumb. 1. degré 50. m.	*chacũ de-*	$32\frac{1}{12}$
	Du 6. Rumb, 2. degrez 42. m.	*gré.*	$47\frac{1}{4}$.
	Du 7. Rumb, 5. degrez 44. m.		$100\frac{1}{3}$

Or pour conferer toutes ces tables l'vne auec l'autre, il faut considerer que la premiere mise au commencement de ce chapitre, est la commune, qui de tous autheurs est cognue, laquelle est calculée par la proportion des lignes droictes, tout ainsi que les rumbs sont mis aux cartes marines. La seconde est supputée pour le cercle Equinoctial, selon la science des arcs & lignes courbes cõme les rumbs de par soy mesmes se demonstrent effectuellemẽt en tous voyages, laquelle table trouuons tout entierement semblable à la premiere. Et ceste derniere qui est la tierce auõs supputé, pour les rumbs qui viennent au dessous du Pole de 60. degrez de hauteur, laquelle quant aux trois ou quatre premiers rumbs, ne differe nullement d'auec les precedentes, mais toute la variation eschet sur les trois derniers rumbs, & entre lesdits est celle du 7. ou dernier rumb la plus grande, comme facilement se peut voir. Laquelle difference s'augmente proportionnellement selon qu'on s'eloigne peu à peu de l'Equinoctial, de sorte que si le chemin du 7. rumb se trouue pour vn degré au cercle Equinoctial $89\frac{2}{3}$ lieuës, lon trouuera qu'iceluy sera *96*. lieuës à la hauteur du Pole de 50. degrez, $100\frac{1}{3}$. lieuës à la hauteur de 60. degrez, $106\frac{1}{2}$. lieuës à la hauteur de 70. degrez, & ainsi augmente cedict chemin continuellement selon qu'on qu'on s'approche peu à peu du Pole.

Le semblable aduient à tous les autres rumbs selõ leur proportion, & situation au respect du Pole. Car il est certain que quand on vient soubs la hauteur du Pole Septentrional de 89. degrez, & que lon nauigue par quelque rumb que ce soit de Nort vers l'Est ou l'Oëst, qu'alors le chemin sera infini deuant qu'on pourra gaigner vn degré en la hauteur du Pole, combien qu'on s'approche bien continuellement peu à peu dudict Pole Septentrional, & le semblable se trouuera à l'autre Pole opposite ou de Sud. Et à cause que tout ce discours des ralonguements des rumbs qui vont en lignes spirales, est cydeuant sur la fin du 4. chapitre bien amplement deduict, il seroit superflu de le repeter autrefois, sachant que tous Pilotes d'entendement, comprendront bien tost le moyen pour s'en seruir de ces tables des lieuës, generalement selon la haulteur du Pole ou ils se trouueront, veu que lesdictes tables, iusques au 3. ou 4. rumb, ne donnent en quelque parallele qui soit depuis l'Equinoctial iusques à l'eleuation du Pole de 60. ou 70. degrez, quelque variation qui soit sensible, ou d'estime, mais toute la difference eschet communemẽt comme dict est, sur le 6 ou 7. rumb, selon la hauteur du Pole, au dessoubs de laquelle ils nauiguent.

Quelle faute donne la nauigation, faicte par vn Rumb contraire. Chap. XVIII.

SI aucun vient à faillir à la coniecture des rumbs, qu'il doibt tenir en son voyage, & qu'il nauigue vn rumb plus haut ou bas qu'il ne doibt, il sera

 forvoyé

forvoyé de son chemin qu'il a fait pour chaque 100. lieuës, 19$\frac{3}{5}$. de lieües, lesquels il sera plus haut, ou plus bas que n'est le port ou il doibt arriuer, selon qu'il aura failly à prendre sa route. Et ce est bien peu moins que $\frac{1}{5}$. de son voyage. Celuy qui aura failly de deux Rũbs, sera foruoyé 39. lieuës en vn voyage de 100. lieuës. Qui s'est foruoyé de trois rumbs, 58. lieuës. Qui 4. sera foruoyé 76$\frac{1}{2}$. lieuës, & ainsi des autres le tout sur 100. lieuës de nauigatiõ. Ce que i'ay voulu en passant aduertir, affin que les Pilotes, ayans commis telle faute, la sauroient remedier.

Des Marées. Chap. XIX.

AVant qu'vn Pilote s'auancera d'entrer en aucun port, riuiere, ou estappe, pour descendre en terre, il luy est necessaire de bien sauoir, auec plusieurs autres choses, comter les marées de haute & basse mer, lesquelles sont suiectes, comme tous gens doctes, & la continuelle experience nous demonstrent, au mouuement de la Lune. Car nous trouuons que la Lune cause ordinairement tousiours en vn certain rumb plaine mer: comme par exemple: A Anuers est tousiours plaine marée, quand la Lune est Est ou Oëst: & au contraire basse marée, quand elle est Sud ou Nort. Or quand la Lune est nouuelle elle est pres du Soleil, & se leue ou couche quasi auec le Soleil. Semblablement quand elle est plaine, elle est iustement à l'opposite du Soleil: parquoy le Nort ou Sud donne tousiours quand la Lune est nouuelle, ou pleine, 12. heures: & Est & Oest 6. heures: reserué quand la Lune est aux signes superieurs du Zodiaque, à sçauoir, en Gemini, Cancer, & Leo:

Leo: car lors elle viendra au matin (principalement en ces pais) quasi 2. heures plus tard à l'Est, & du soir autant plus tempre à l'Oëst. Ceste chose doibt vn Pilote tresbien considerer, car plusieurs en ont esté trompé. Vous pouez doncques par les rumbs comter l'heure de pleine mer quand la Lune est nouuelle ou pleine. car les 32. rumbs donnent 24 heures, qui sont $\frac{3}{4}$ d'vn heure pour chacun rumb. Parquoy si Nort & Sud donnent 12. heures, le premier rumb donne $\frac{3}{4}$ d'heure, le second $1\frac{1}{2}$ heure, le tiers $2\frac{1}{4}$. & ainsi des autres, de maniere que Est & Oest donne 6. heures, ainsi que par experience trouuons à Anuers, quand la Lune est nouuelle ou pleine: mais elle retarde chacun iour par l'âge de la Lune, ce que nous traitterons cy dessous.

Or puis que le fondament de ce comte prouient de la connoissance des rumbs de la Lune, ausquels icelle en chacun lieu faict haute marée: nous auons pour memoire icy voulu adiouster aucuns, ainsi que par experience se sont troué des Pilotes experimentez.

Nort & Sud 12. heures.

A la coste de Flandres, à Enchuse à terre, à l'Escluse à terre, à Doures, deuant l'Elue, deuant la grande Condade, à Hampton, deuant Emde & Horne, &c.

Nort quart au Nortest, & Sud quart au Sudoëst. $\frac{3}{4}$.

Deuant Portoreal, Beueziere en mer, à Camfer, à Hamton à la riue, au Ras de Fontenay, &c.

Nort Nortëst, & Sud sudoëst. $1\frac{1}{2}$.

Deuant Flissinges & Armude, & toute la coste de Zelande: la place de S. Mathieu, à Calis Malis, au dessous terre Saincte, a l'entrée de la Tamise deuant Londres, deuant la Meuse, &c.

Nortest quart au Nort, & Sudoëst quart au Sud. $2\frac{1}{4}$.

Deuant S. Lucas & Lisbone, aussi deuant Bordeaux, &c.

Nortest & Sudoëst. 3.

Les costes d'Espaigne, Gascoigne, & Bretaigne, la plage Orientale de VVicht, estappes de Amsterdam, &c.

Nortest quart à Est, & Sudoëst quart à l'Oëst. $3\frac{1}{4}$.

Aupres la plage S. Mathieu, en la riuiere de Bourdeaux, à Blancqueberge, & par dehors les bancqs de Flandres, &c.

Est Nortest, & Oëst Sudoëst. $4\frac{1}{2}$.

Dedens Zelande au Canal: de Tessel iusques aux estappes au Canal: la coste Occidentale d'Irlande, dedens Falmue, au port de S. Paul, &c.

Est quart au Nortest, & Oëst quart au Sudoest. $5\frac{1}{4}$.

A Plemue, au port de Dortmue, dés les Sorlingues iusques à Mulverde: à Brusten, &c.

Est & Oëst. 6.

A Anuers, & Hambourg, aux Sorlingues, dedens S. Paul, deux lieuës hors de Heyssant, à Marsdiep, &c.

Est quart au Sudëst, & Oëst quart au Nortoëst. $6\frac{1}{4}$.

Au milieu du Canal, à Bristo en Angleterre, dehors Lissart, &c.

Est Sudest, & Oëst Nortoëst. $7\frac{1}{2}$.

Hors de Dortmuë, & Plemuë, en Portlant sur la Rede: entre Munhol & Falmue en mer, &c.

Sudest quart à l'Est, & Nortoëst quart à l'Oëst $8\frac{1}{2}$.

Hors les Kiskas & Heyssant, de VVicht à Beuesiere pres de terre, pres l'Oëst à Portlant &c.

Sudest & Nortoëst. 9.

La plage Occidentale de VVicht, au Ras de Portlande,

à la

à la bouche du Flie, S. Helaine, au plain de Hollande, &c.

Sudeſt quart au Sud, & Norteſt quart au Nort. 9¾.

A l'aiguille de VVicht, à Kiſkas en mer, au droict Canal de Heyſſant, du long de toute la Friſe, deuant la Flie, à Gouwe, à Ramſdiepe, &c.

Sud ſudeſt, & Nort norteſt. 10½.

Deuant & à l'Eſt de VVicht, au milieu du Cannal, à Diepe, à Boloigne, à Leytſtaf ſur la Rede, &c.

Sud quart au Sudeſt, & Nort quart au Nortoëſt. 11¼.

A Ryge en Angleterre à la riue, à Kalckers oort iuſques à Hamton & Portmue, pres de Beueſiere, &c.

Quand vous ſçauez en quel rumb la Lune donne pleine mer en aucun lieu, vous ſçaurez incontinent (comme deſſus eſt enſeigné) l'heure quand ce ſera, la Lune eſtant nouuelle ou pleine leſquelles heures auons cy deſſus miſes aupres de chacũ rumb. Mais ſi voulez chaque iour ſauoir l'heure qu'il ſera pleine mer, pour le premier debuez entendre, que la Lune retarde en 30. iours 24. heures, qui monte pour iour ⅘. d'vne heure, & autant eſt ce qu'elle ſe ſepare chaque iour du Soleil. Parquoy debuez ſauoir le quantieſme iour vous auez dés la nouuelle Lune precedente, lequel nous appellons communement l'âge de la Lune, & prenés pour chacun iour, comme deſſus eſt dict, ⅘. d'vne heure, ce qu'en prouiét adiouſtés aux heures qu'il eſtoit pleine mer, eſtant la Lune nouuelle ou pleine, & aurez châque iour l'heure de pleine mer. Aucuns pour euiter le trauail d'ainſi comter, ont tables particulieres, mais le moyen plus facil, eſt par vn petit inſtrument qu'auons à ce ordonné en ceſte maniere: Vous pouez pour la commodité, ordonner ceſt inſtrument des marées ſur le dos de

l'inſtrul'instrument de l'estoille du Nort, cy dessus descrit au chap.14.en ceste maniere: Tirés vn cercle sur le dos dudict instrument,diuisés le en 30.iours, pour l'âge de la Lune, mettant 30.dessus & les autres nombres ensuiuans vers la main droicte. Cela faict,fabriqués vn rond reparty en 24. heures, & en 32. rumbs, ordonnant Nort & Sud sur les douze heures: Est & Oëst sur les 6. heures, & les autres à l'aduenant,& ainsi aurez vostre instrument parfaict, dont l'vsage sera tel.

Premierement debuez sçauoir le rumb de la Lune,qui à vn tel lieu donne pleine mer, & l'âge de la Lune d'iceluy iour par quelque Almanach,ou autre inuention, descrite par Pierre de Medine,ou autrement,ou comme cy dessous sera enseigné. Ayant ces deux choses,tournés le rond des heures & 32 rumbs, tant que vostre rumb responde iustement aux 30. iours de l'instrument, ou l'arresterez ferme,& cerchés au bord de l'instrument le iour de l'âge de la Lune,lequel vous monstrera au rondeau des heures, iustement l'heure d'iceluy iour, qu'en tel lieu sera pleine mer: & de cest instrument s'ensuit la figure.

Item pour ſçauoir bien facillement l'âge de la Lune à chacun iour du mois, trouués pour le premier la clef de la Lune, dicte Epacte ou Concurrente, laquelle auons ordonnée ſur ceſt inſtrument entre deux cercles, & faict ſa reuolution en 19. ans: en commençant à la ✠ auec les ans complets de la natiuité de Chriſt 1576. Or comtés de la clef 29. eſtant au centre de la croix, les ans complets depuis les 1576. auec l'an courant, & le fin de voſtre comte monſtrera la clef de ceſt an courant, laquelle vous ſeruira dés le mois de Mars du meſme an, iuſques au Mars de l'an enſuiuant.

Nous auons ordonné, & mis pres de la croix l'an 1576. quand ceste reuolution est commencée: & 1595. quand vne autre reuolution commencera. La clef de l'an 1576. estoit 29. de l'an 1577. estoit 11. de 1578. estoit 22. & celle de l'an courrant 1579. est 3. Celle de l'an 1580. sera 14. & ainsi des autres iusques à l'an 1595. Car lors recommencera la clef 29. comme ledit rondeau le demonstre.

Quand vous auez la concurrente de l'an courant, adioustez à icelle le nombre des mois passez (commençant au mois de Mars) & le nõbre des iours du mois courant, & le produict sera l'âge de la Lune: Mais si le nombre du produict passe 30. ostez les 30. & la reste sera l'âge de la Lune. Or ie veux (par exemple) sauoir l'âge de la Lune pour le 27. iour de Septembre de l'an 1579. la concurrente qu'on dict l'Epacte est 3. le nombre des mois est 7. qui font 10. & 27. iours du mois de Septembre, le tout faict ensemble 37. Ostez 30. & il en reste 7. à sçauoir l'âge des iours de la Lune: ainsi ferez de tous les autres.

La maniere de nauiguer Est & Oëst, bien clairement demonstrée par aucunes reigles & exemples. Chap. XX.

NOus auons declaré au 17. Chapit. le moyen pour facillement sauoir combien de lieuës on a nauigué, & ce par la connoissance de deux choses: àsçauoir, par le changement de la hauteur du Pole, & par le rumb du Compas marin qu'on a tenu durant le voyage. Or s'il aduient que le Pilote nauigue Est ou Oëst, lors il ne trouue aucun changement de la hauteur du Pole, par ce qu'il qu'il nauigue tousiours sous vne mesme parallele equidistante du Pole.

Dont s'ensuit que le Pilote n'a nul certain moyen pour comter son chemin, que par coniecture: estimant combié de lieuës il peut nauiguer pour iour, selon qu'il a vent & marée propice, ou contraire: & suiuant cela font ils coniecture du chemin de l'entier voyage, neantmoins quelle asseurance il a, i'en laisse le iugement aux autres. Pierre de Medina Pilote de la Maiesté Royale d'Espaigne sur les Indes Occidentales, declare sommierement sur ce son opinion, & tout son sçauoir, en disant: Et si le lieu ou le Pilote se trouue est egal en hauteur auec le lieu d'ou il est party, il n'y a icy reigle qui se puisse dire iustement, combien il a nauigué: sinon par estime, de sauoir combien son nauire peut aller par iour & heure qu'il aura nauigué, &c. Apres declare le mesme Autheur, combien de fautes il y a en ces coniectures, de sorte que la chose est plus dangereuse (dict il) qu'on ne pense. Tous les Pilotes & mariniers estiment iusques à ce iour, que cestuy poinct seroit impossible. Ausi pour dire le vray, c'est vn des points plus difficiles qui peuuent au Pilote suruenir: veu que les Astronomiens mesmes (desquels ceste pratique doibt proceder) ayent à ce des moyens bien difficilles. Neantmoins puis que nostre intention a esté tousiours (en ce present traicté, de l'art de nauiguer) d'asister par nostre art de Mathematique les amateurs de ceste science: il est bien raison, que nous ordõnons de ceste chose vne reigle la plus seure qu'il sera possible, pour sauoir iournellement cõbien de lieuës aucun a nauigué soit à l'Est ou Oëst. Neantmoins auant que venir à laditte regle, il sera bõ que decouurons vn peu

Au 12. Chap. du 3. Liure.

le fondement de ceste chose, affin qu'on puisse mieux cõprendre le secret de la matiere, par lequel l'instruction sera plus facille à comprendre.

Pour le premier ie dis, que tous Pilotes sauent facillement la quantité des lieuës qu'ils ont nauigué, quand ils trouuent changement de la hauteur du Pole, par ce qu'alors les Poles du monde leur seruent pour signes fermes, stables, & immobiles: mais il n'est pas ainsi de ceux qui nauiguent Est ou Oëst: car ils demeurent tousiours, comme dessus est dict, sous vn cercle parallele ou equidistante du Pole: auquel cercle n'y peut estre aucun commencement visible que par imagination par le moyen qui s'ensuit: Imaginez que vous estes sur vn midy en quelque lieu: & le Soleil sera lors en vostre Meridien. Or entendez que celuy qui sera party de vous & aura nauigué à l'Est, trouuera au mesme instant par tous instrumens, que le Soleil sera passé le Meridien du lieu ou il est, de sorte que le midy luy sera passé, à sçauoir autant de temps, que monte la distance qui est entre vous & luy. Et au contraire si quelqu'vn soit nauigué de vous à l'Oëst, il trouuera à laditte heure, qu'il n'est encore midy au lieu ou il est: par ce que le Soleil ne sera encores arriué à son Meridien. Par ceste imagination se doibt comprendre tout cest affaire. Entendez doncq le Meridien d'ou vous estes party, pour vn poinct fix, & cõmencement au cercle parallele sous lequel vous nauiguez. Or il vous faut iournellement sauoir, soit que nauiguez à l'Est ou Oëst, quelle heure il est en vn mesme temps, tant au lieu d'ou vous estes party, qu'au lieu ou vous estes arriué: & ayant ceste difference des heures, il vous faut sçauoir, combiẽ de lieuës chasque heure dõne, selon la parallele de lele de la hauteur du Pole du lieu ou vous estes, ainsi pourrez facillement sçauoir combien de lieuës vous auez nauigué: Ce fondament doncques ainsi mis, nous donnerons la regle laquelle nous auons pour la commodité ordonnée en ceste sorte.

Reigle generale de l'Est & Ouëst.

QVand vous nauiguez à l'Est ou Oëst, soyez pour le premier pourueu de deux choses: L'vne, que ayez vn anneau Astronomique bien iuste, pour à toute heure & en tout lieu pouuoir bien iustement prendre l'heure: lequel anneau accommoderez à la nauigation en pendant quelque pois au Nadir. Car, comme dessus est dit au 10. Chap. on peut par ce moyen vser l'anneau sur mer, par ce que nauiguant à l'Est ou Oëst, la hauteur du Pole demeure tousiours inuariable. L'autre est vn horloge à sablon qui soit bien seur, courant iustement l'espace de 24. heures, lequel pouez facillement obtenir à la fornaise voirriere, y faisant faire vn voarre trois fois si haut & ample qu'est celuy d'vn horloge à sable d'vne heure. Mais pour ce que les nauires nauiguans en mer tousiours s'enclinent, vous pouez ordonner cest horloge par certains anneaux, à la maniere du Compas marin, ou faictes dessus à chasque bout vn pendant auec vn anneau, affin qu'il puisse tousiours au milieu de quelque casse pendre à vn croc en equilibre.

Quand vous auez vn anneau Astronomique qui soit bien iuste, & vn horloge à sablon bien iustifié, courant 24. heures, pour nauiguer à l'Est ou Oëst, preparez vn iour ou deux deuant partir, vostre dict horloge: c'est à dire, que le tournés au vray midy, quand le Soleil est iustemēt au Sud, affin que le sablon commence à couler: mais on prendra bien garde, de le tourner vne fois le iour. Or quand vous auez nauigué aucuns iours si vous demandés à sauoir cō-bien de lieuës vous auez faict, attendez tant que l'horloge à sablon a iustement parfaict son cours, & prenés incontinent par vostre anneau Astronomique, selon la parallele de vostre nauigation, la iuste heure: laquelle passera le midy, si vostre voyage est à l'Est, mais s'il est à l'Oëst, il ne sera pas encores midy. Retenés ces heures, à sçauoir combiē ce sont plus ou moins de midy: car icelles vous certifierōt de la quantité de vostre chemin, veu qu'elles vous mōstreront la difference des heures entre le Meridien du lieu d'ou vous estes party, & celuy du lieu ou vous estes venu. Or pour sauoir combien de lieües le chemin de vostre voyage monte, cerchez à la table suiuante le degré de la hauteur du Pole du parallele soubs lequel auez nauigué, & vous trouuerez à main droite le nombre des lieües que chàque heure donne sous chàque parallele. Multipliés ces lieües par le nombre des heures cy dessus trouuée, le produict declarera les lieuës qu'auez nauigué. Et en cas qu'auec les heures (comme communement aduient) soyent aucunes minutes, multipliés aussi le nombre susdict des lieuës par les minutes, le produit diuisés par 60. le quotient seront lieuës, lesquelles adiousterez aux lieuës precedentes, & la somme vous enseignera combien de lieuës vous auez en tout nauigué.

Table des Paralleles, contenant les lieuës que chàque parallele donne pour vne heure en Longitude.

Deg.	Lieuës.	Deg.	Lieuës.	Deg.	Lieuës.	Deg.	Lieuës.
0	$262\frac{1}{2}$.	23	$241\frac{1}{2}$.	46	$182\frac{1}{4}$.	69	$94\frac{1}{3}$.
1	$262\frac{5}{12}$	24	$239\frac{3}{4}$.	47	179.	70	$89\frac{5}{6}$.
2	$262\frac{1}{4}$.	25	238.	48	$175\frac{1}{2}$.	71	$85\frac{1}{2}$.
3	$262\frac{1}{8}$.	26	236.	49	172.	72	81.
4	262.	27	234.	50	$168\frac{1}{2}$.	73	$76\frac{2}{3}$.
5	$261\frac{1}{2}$.	28	$231\frac{7}{8}$.	51	165.	74	$72\frac{1}{3}$.
6	261.	29	$229\frac{1}{2}$.	52	$161\frac{1}{2}$.	75	68.
7	$260\frac{1}{2}$.	30	$227\frac{1}{4}$.	53	157.	76	$63\frac{1}{2}$.
8	$259\frac{7}{8}$.	31	225.	54	$154\frac{1}{4}$.	77	59.
9	259.	32	$222\frac{2}{3}$.	55	$150\frac{1}{2}$.	78	$54\frac{1}{2}$.
10	$258\frac{1}{2}$.	33	$220\frac{1}{4}$.	56	$146\frac{2}{3}$.	79	50.
11	$257\frac{1}{2}$.	34	$217\frac{1}{2}$.	57	143.	80	$45\frac{1}{2}$.
12	$256\frac{2}{3}$.	35	215.	58	139.	81	41.
13	$255\frac{3}{4}$.	36	$212\frac{1}{3}$.	59	135.	82	$36\frac{1}{2}$.
14	$254\frac{2}{3}$.	37	$209\frac{3}{4}$.	60	131.	83	32.
15	$253\frac{1}{3}$.	38	$206\frac{7}{8}$.	61	127.	84	$27\frac{1}{2}$.
16	$252\frac{1}{4}$.	39	$203\frac{5}{8}$.	62	123.	85	$22\frac{3}{4}$.
17	$251\frac{1}{8}$.	40	201.	63	119.	86	$18\frac{3}{8}$.
18	$249\frac{2}{3}$.	41	198.	64	115.	87	$13\frac{3}{4}$.
19	$248\frac{1}{4}$.	42	195.	65	111.	88	$9\frac{1}{4}$.
20	$246\frac{3}{4}$.	43	192.	66	$106\frac{3}{4}$.	89	$4\frac{2}{3}$.
21	245.	44	$188\frac{3}{4}$.	67	$102\frac{1}{2}$.	90	
22	$243\frac{1}{4}$.	45	$185\frac{1}{2}$.	68	$98\frac{1}{4}$.		

Or pour ce (comme dict François Philelphe) que toute instruction qui se faict par exemples, est plus facile à comprendre, qu'autrement: nous declarerons ceste reigle precedente de nauiguer à l'Est ou Oëst, par deux exemples.

Exemple

Exemple premier.

VNe nauire estant au Cab de S. Vincent en Espaigne, veut nauiguer iustement à l'Oëst : parquoy le Pilote ordonne l'horloge à sablon, de sorte qu'il commẽce son cours au vray midy. Puis nauigue 8. ou 9. iours, iusques à tant qu'il est arriué à l'vne des Isles des Assoires, nõmée S. Maria. Maintenant il veut sçauoir combien de lieuës il a nauigué. Parquoy il attend que l'horloge (qu'il a à chasque iour tourné) a parfaict iustement son cours, car par ce connoist il qu'il est midy au Cab de S. Vincẽt: mais en ceste Isle de S. Maria il treuue par l'anneau Astronomique precisement 11. heures 10. minutes: qui est 50. minutes moins que midy ou 12. heures, & monstrent la difference entre ces deux Meridiens, ou difference de longitude. Il entre en la table precedente par le nombre de la hauteur du Pole, à sauoir 37. degrez (par ce que ces deux lieux sont sous icelle parallele) & trouue à main droicte $209\frac{3}{4}$. lieuës, pour chacune heure de ceste parallele. Parquoy il multiplie $209\frac{3}{4}$. par les 50. minutes susdict, & le produict est $10487\frac{1}{2}$. lequel diuisé par 60. le quotient est $174\frac{19}{24}$. lieuës, qui sont l'entier chemin de sa nauigation.

Second Exemple.

VNe nauire nauigue de Terra-noua precisement à l'Est, sous la vraye parallele de 50. degrez, ayant premierement ordonné son horloge à sablon, de sorte qu'il commençoit à couler au vray midy: lequel il tourne selon ceste instruction vne fois le iour, iusques au 15. iour de sa

nauiga-

nauigation. Maintenant on veut sçauoir, cõbien de lieuës il a nauigué, pour voir en sa Carte marine en quel lieu il est arriué. Parquoy il attend tant que l'horloge au sablon aye faict precisement son cours, & prend incontinent par l'anneau Astronomique l'heure, laquelle est (par ce qu'il a nauigué à l'Est) 2. heures 12. minutes apres midy. Entrant en la table precedente, il treuue au parallele de 50. degrez 168½. lieuës pour heure: de sorte que les 2. heures donnent 337. lieuës, & les 12. minutes donnent quasi 33¾. lieuës: lesquels adioustés auec les 337. lieuës predictes, donnent en tout 370¾. lieuës qu'il a nauigué.

I'espere par ces deux exemples auoir assez declaré le nauiguer à l'Est & Oëst. Car si quelqu'vn vse iournellement ces reigles, il pratiquera facillement par son industrie plus auant: non seulement pour faire vne fois le iour le comte de son voyage, mais voire à toute heure qu'il luy plaira, veu que (comme on dict) l'experience est la maistresse des sciences.

Epilogue au Lecteur.

AMy Lecteur, vous auez en ce petit discours sommairemẽt nostre inuentiõ & instruction, sur les poincts principaux & necessaires à l'art de nauiguer: esquelles auons principalement cerché que tous les reigles seroient generales, afin que le diligent Pilote, seroit entierement seruy, en tout ce qui luy peut suruenir en mer: veu que toutes les instructions descriptes iusques à present de ceste matiere, contiennent seulement aucuns moyens particuliers, qui ne se peuuent qu'à certaines heures pra-

tiquer: Car quant à ce que les Pilotes ont, ia passé long temps, sçeu prendre de iour la hauteur du Pole, n'a ce pas esté tant seulement au midy? Semblablement quand ils veullent le mesme pratiquer de nuict par l'estoille du Nort, ne leur faut il pas attendre iusques à tant que les gardes soient venuës iustement en aucun des 8. Rumbs principaux? Et ce que plus est quand on nauigue precisement à l'Est, ou Oëst, il n'y auoit alors pas de reigle ferme, sinon vne coniecture incertaine, selon que la discretion du Pilote le pouuoit iuger. Et ainsi leur aduient il de plusieurs autres points semblables.

Mais par quelle facilité, perfection & seurté tout cecy peut estre pratiqué par ces instructions nouuelles & instrumens de nostre inuention, & en tout lieu & à toute heure, se cognoistra facilement par l'experience.

Priant doncques à tous Amateurs, qui aspirent d'vn cœur sincere, à la vraye intelligence de ces inuentions, de prendre en gré ce mien labeur, qu'ay fait à leur seruice. Lequel faisant me rendront enclin à bastir cy apres choses de plus grande recommandation.

Fautes à corriger.

Feuillet
- 18. ligne 7. pour demy, lisez deux.
- 72. ligne 4. pour *E.* mettez *B.*
- 79. ligne 5. lisez obliques & courbes.
- 87. ligne 6. pour Nort nortest, lisez Nort Nortoëst.
- 87. ligne 24. pour eureb, lisez heure.

La

La Table du Liure.

FIN.

www.ingramcontent.com/pod-product-compliance
Lightning Source LLC
LaVergne TN
LVHW012024220826
846092LV00001B/482
* 9 7 8 2 3 2 9 7 3 0 9 0 5 *